实用 CAD 工程制图

主　编 ‖ 陈章良　史俊伟
副主编 ‖ 郇长武　陈本权
　　　　　赵海涛　史本杰

西南交通大学出版社
·成都·

图书在版编目（ＣＩＰ）数据

实用 CAD 工程制图 / 陈章良，史俊伟主编. —成都：
西南交通大学出版社，2018.8
ISBN 978-7-5643-6356-7

Ⅰ. ①实… Ⅱ. ①陈… ②史… Ⅲ. ①工程制图 –
AutoCAD 软件 – 高等学校 – 教材 Ⅳ. ①TB237

中国版本图书馆 CIP 数据核字（2018）第 189957 号

实用 CAD 工程制图

	责任编辑／杨　勇
主　　编／陈章良　　史俊伟	助理编辑／何明飞
	封面设计／墨创文化

西南交通大学出版社出版发行

（四川省成都市二环路北一段 111 号西南交通大学创新大厦 21 楼　610031）
发行部电话：028-87600564　028-87600533
网址：http://www.xnjdcbs.com
印刷：四川煤田地质制图印刷厂

成品尺寸　185 mm × 260 mm
印张　17.5　　字数　436 千
版次　2018 年 8 月第 1 版　　印次　2018 年 8 月第 1 次

书号　ISBN 978-7-5643-6356-7
定价　45.00 元

前　言

目前国内高校工科专业大多开设了"工程制图"和"AutoCAD"两门课程，计划学时一般都在 100 学时左右。但在新一轮应用型高校培养方案调整中，这两门课大多被压缩成一门课，为了适应这一变化，我们编写了本书。

全书分为画法几何基础，AutoCAD 基础和工程应用三篇，以案例化方式循序渐进地介绍画法几何以及 AutoCAD 计算机绘图基本知识，然后通过工程应用经典案例的实战演练巩固所学知识。本书具有很强的针对性和实用性，且结构严谨、叙述清晰、内容丰富、通俗易懂。本书适合应用型高等院校工科专业师生使用，也可作为工程制图相关工程技术人员的自学指南。

山东工商学院联合东方电子集团有限公司(烟台海颐软件公司)、华能烟台发电有限公司、烟建集团有限公司三家企业，发挥各自优势，通力合作编写了本书。本书由山东工商学院陈章良、史俊伟担任主编；烟台海颐软件公司郇长武、陈本权，华能烟台发电有限公司赵海涛，烟建集团有限公司史本杰担任副主编；山东工商学院李贵炳、刘刚、李立峰、董羽、宋莹、郑彬彬、孟祥坤参与了本书编写。

限于编者的水平，书中不足和疏漏之处在所难免，恳请广大读者批评指正。

编　者

2018 年 4 月

目　录

第 1 篇　画法几何基础篇

第 2 篇　AutoCAD 基础篇

第 3 篇　工程应用篇

第1篇
画法几何基础篇

第1章 制图基本知识

·本章内容:
1. 国家标准技术制图的有关规定。
2. 简单的几何作图以及圆弧连接。
3. 平面图形的分析和尺寸注法。

1.1 制图国家标准

工程图样是工程界的通用语言,为使其达到基本统一,便于生产和管理,进行技术交流,国家制定和颁布了相关规定,即制图标准,用 GB 或 GB/T 表示。目前国内执行的制图标准主要有:《技术制图规范》《机械制图标准》《房屋建筑制图统一标准》《道路工程制图标准》《水利水电制图标准》。

《技术制图》和《机械制图》国家标准对图样的格式、画法、尺寸标注、有关代(符)号作统一的规定。设计和生产部门必须严格遵守国家标准的统一规定,认真执行国家标准。

1.1.1 图纸幅面和格式 (GB/T 14689—2008)

1. 图纸幅面

常用纸幅面见表 1.1。

表 1.1 常用图纸幅面

幅面代号	A0	A1	A2	A3	A4
$B \times L$	841×1 189	594×841	420×594	297×420	210×297
a	25				
c	10			5	
e	20		10		

A0，A1 和 A2 图框允许加长，但必须按基本幅面的边长（L）或 1/4 倍增加，其余图幅图纸不允许加长。同一工程项目，各专业所用图幅，除目录和材料表外不宜多于两种。

2. 图框格式

在图纸上必须用粗实线画出图框，其格式分为留装订边的图框格式和不留装订边的图框格式两种，见图 1.1 和图 1.2。同一产品的图样只能采用一种图框格式。

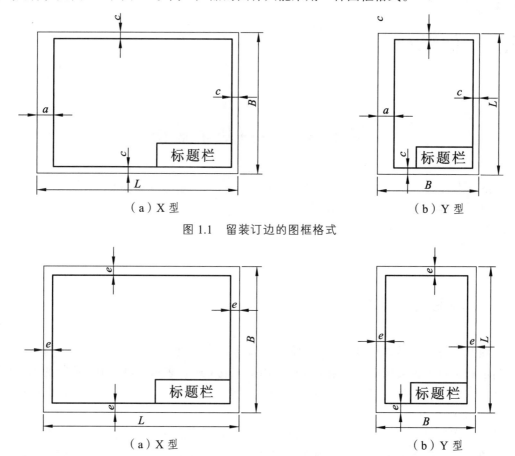

（a）X 型　　　　　　　　　（b）Y 型

图 1.1　留装订边的图框格式

（a）X 型　　　　　　　　　（b）Y 型

图 1.2　不留装订边的图框格式

3. 标题栏

标题栏位于图纸的右下角，其格式与尺寸应符合国标 GB/T 10609.1—2008 的规定，如图 1.3 所示。

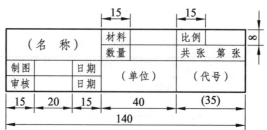

图 1.3　零件图中标题栏形式

1.1.2　比例（GB/T 14690—1993）

图样的比例是指图形要素的线性尺寸与实物相应要素的线性尺寸之比。图样比例分为原值比例、放大比例、缩小比例三种，如图 1.4 所示。不论采用何种比例绘图，尺寸数值均按原值注出。

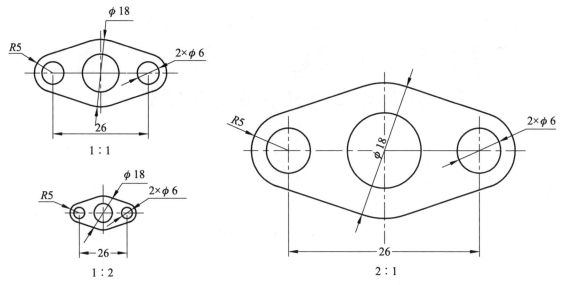

图 1.4　图样的比例

国家标准 GB/T 14690—1993《技术制图比例》对比例的选用作了规定：绘图时，首先应由表 1.2 的系列中选取适当的比例；必要时，也允许选取表 1.3 中的比例。

表 1.2　常用作图比例

种类	比　　例		
原值比例	1 : 1		
放大比例	5 : 1 $(5 \times 10^{n}) : 1$	2 : 1 $(2 \times 10^{n}) : 1$	$(1 \times 10^{n}) : 1$
缩小比例	1 : 2 $1 : (2 \times 10^{n})$	1 : 5 $1 : (5 \times 10^{n})$	1 : 10 $1 : (1 \times 10^{n})$

表 1.3　扩展作图比例

种类	比　　例				
原值比例	1 : 1				
放大比例	4 : 1 $(4 \times 10^{n}) : 1$	2.5 : 1 $(2.5 \times 10^{n}) : 1$			
缩小比例	1 : 1.5 $1 : (1.5 \times 10^{n})$	1 : 2.5 $1 : (2.5 \times 10^{n})$	1 : 3 $1 : (3 \times 10^{n})$	1 : 4 $1 : (4 \times 10^{n})$	1 : 6 $1 : (6 \times 10^{n})$

1.1.3 字体 (GB/T 14691—2005)

图样中的字体书写必须做到：字体工整、笔画清楚、间隔均匀、排列整齐。

字体高度（用 h 表示，单位为 mm）的公称尺寸系列为：1.8，2.5，3.5，5，7，10，14，20。

1. 汉字

汉字书写的要点在于横平竖直，注意起落，结构均匀，填满方格（示例见图 1.5）。

字体工整 笔画清楚 间隔均匀 排列整齐
横平竖直 结构均匀 注意起落 添满方格

图 1.5 绘图中汉字示例

汉字应写成长仿宋体字，并应采用我国正式公布推行的《汉字简化方案》中规定的简化字。汉字的高度 h 不应小于 3.5 mm，其字宽一般为 $h/\sqrt{2}$。

2. 字母和数字

字母和数字可写成斜体或直体，注意全图统一。斜体字字头向右倾斜，与水平基准线成 75°（示例见图 1.6）。

1 2 3 4 5 6 7 8 9 0

A B C D E F G H I J K L M N O P Q R S T U V W X Y Z

a b c d e f g h i j k l m n o p q r s t u v w x y z

Ⅰ Ⅱ Ⅲ Ⅳ Ⅴ Ⅵ Ⅶ Ⅷ Ⅸ Ⅹ

图 1.6 绘图中字母和数字示例

3. 图样中书写规定与示例

（1）用作指数、分数、极限偏差、注脚等的数字及字母一般应采用小一号的字体。

（2）图样中的数学符号、物理量符号、计量单位符号以及其他符号、代号，应分别符合国家的有关法令和标准的规定。

图样中的书写示例如图 1.7 所示。

$R3 \quad 2\times45° \quad M24-6H \quad \phi60H7 \quad \phi30g6$

$\phi20_{0}^{+0.021} \qquad \phi25_{-0.020}^{-0.007} \quad Q235 \qquad HT200$

图 1.7 图样中书写示例

1.1.4 图线（GB/T 17450—1998）

1. 线型

GB/T 17450—1998《技术制图图线》中，一共规定了 15 种基本线型，部分线型见表 1.4，图线的应用见图 1.8。

表 1.4 线型

代码（名称）	代码	线型名称和表示	应 用
01（实线）	01.1	细实线	尺寸线、尺寸界线、指引线、剖面线、相贯线等
	01.2	粗实线	可见轮廓线、螺纹牙顶线、螺纹终止线
02（虚线）	02.1	细虚线	不可见轮廓线
	02.2	粗虚线	允许表面处理的表示线
04（点画线）	04.1	细点画线	中心线、对称线、齿轮的节圆线
	04.2	粗点画线	剖切平面线
05（双点画线）	05.1	细双点画线	假想轮廓线、极限位置轮廓线
基本线型的变形		波浪线	断裂边界线

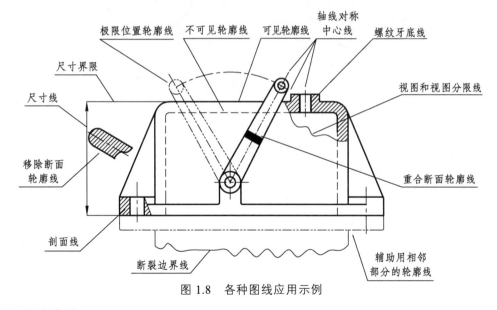

图 1.8 各种图线应用示例

2. 图线宽度

所有线型的图线宽度（d）应按图样的类型和尺寸大小在下列数系中选择：0.13 mm，0.18 mm，0.25 mm，0.35 mm，0.5 mm，0.7 mm，1.0 mm，1.4 mm，2 mm。

在同一图样中，同类图线的宽度应一致。机械工程图样上采用两类线宽，称为粗线和细线，其宽度比例关系为 2∶1。

3. 图线的构成

图线的构成要素见表 1.5。

表 1.5　图线构成要素

线素	长度
点	$\leq 0.5d$
短距离	$3d$
短画	$6d$
画	$12d$
长画	$24d$
间隔	$18d$

4. 图线的画法

间隙：除非另有规定，两条平行线之间的最小间隙不得小于 0.7 mm。

相交：

（1）基本线型应恰当交于画线处，而不是点或间隔，如图 1.9 所示。

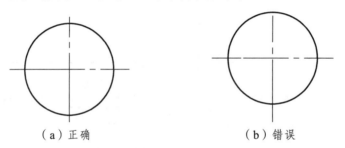

（a）正确　　　　　　　　（b）错误

图 1.9　中心线的画法

（2）虚线直接在实线延长线上相接时，虚线应留出间隙（见图 1.10）。

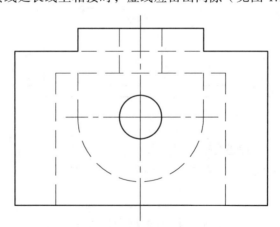

图 1.10　虚线和点画线的画法

（3）虚线圆弧与实线相切时，虚线圆弧应留出间隙。

（4）画圆的中心线时，圆心应是画的交点，点画线两端应超出轮廓 2～5 mm；当圆心较小时，允许用细实线代替点画线。

1.1.5　剖面符号（GB/T 4457.5—2013）

在剖视图和断面图中，应采用表 1.6 中所规定的剖面符号。

表 1.6　常用剖面符号

金属材料 （已有规定剖面符号者除外）		木质胶合板	
线圈绕组元件		基础周围的泥土	
转子、电枢、 变压器和电抗器等迭钢片		混凝土	
非金属片材料 （已有规定剖面符号除外）		钢筋混凝土	
型砂、填砂、粉末冶金、砂轮、 陶瓷刀片、硬质合金刀片等		砖	
玻璃及供观察用的其他透明材料		格网 （筛网过滤网等）	
木材	纵剖面	液体	
	横剖面		

注：（1）剖面符号仅表示材料类型，材料的名称和代号必须另行注明。
　　（2）迭钢片的剖面线方向，应与束装中迭钢片的方向一致。
　　（3）液面用细实线绘制。

1.1.6　尺寸注法（GB/T 4458.4—2003）

在图样中，除需表达零件的结构形状外，还需标注尺寸，以确定零件的大小。

1. 基本规则

（1）尺寸数值为零件的真实大小，与绘图比例及绘图的准确度无关。

（2）以毫米为单位，如采用其他单位时，则必须注明单位名称。

（3）图中所注尺寸为零件完工后的尺寸。

（4）每个尺寸一般只标注一次，并应标注在最能清晰地反映该结构特征的视图上。

2. 尺寸要素

（1）尺寸界线。

尺寸界线为细实线，并应由轮廓线、轴线或对称中心线处引出，也可用这些线代替。

（2）尺寸数字。

① 一般应注在尺寸线的上方，也可注在尺寸线的中断处。

水平方向字头向上，垂直方向字头向左，如图 1.11 所示。

（a）正确　　　　　　　（b）错误

图 1.11　尺寸数字标注示例 1

② 线性尺寸数字的方向，一般应按图 1.11 所示方向注写，并尽可能避免在图示 30°范围内标注尺寸，无法避免时应引出标注，如图 1.12 所示。

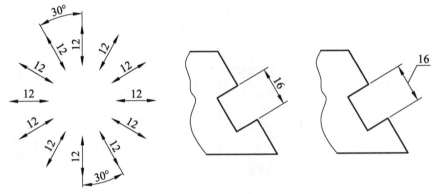

图 1.12　尺寸数字标注示例 2

③ 尺寸数字不可被任何图线所通过，否则必须将该图线断开，如图 1.13 所示。

（3）尺寸线。

① 尺寸线为细实线，一端或两端带有终端符号（箭头或斜线）。

② 尺寸线不能用其他图线代替，也不得与其他图线重合。

③ 标注线性尺寸时尺寸线必须与所标注的线段平行。

尺寸线标注画法如图 1.14 所示。

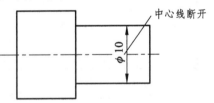

图 1.13　尺寸数字标注示例 3

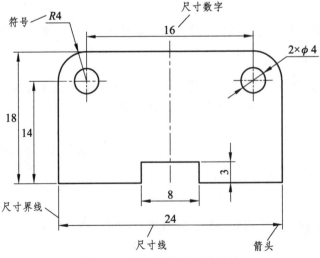

图 1.14　尺寸线标注正确画法

3. 标注示例

（1）角度尺寸（标注示例如图 1.15 所示）。

① 角度尺寸界线沿径向引出。

② 角度尺寸线应画成圆弧，其圆心是该角的顶点。

③ 角度尺寸数字一律水平写。

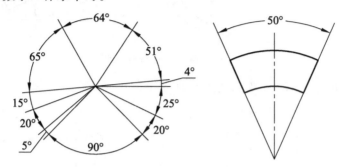

图 1.15 角度尺寸标注示例

（2）圆的直径（标注示例如图 1.16 所示）。

① 直径尺寸应在尺寸数字前加注符号"ϕ"。

② 尺寸线通过圆心，尺寸线终端画成箭头。

③ 整圆或大于半圆标注直径。

图 1.16 圆的直径标注示例

（3）大圆弧。

当圆弧半径过大，在图纸范围内无法标出圆心位置，按图 1.17（a）标注；若不需要标出圆心位置，按图 1.17（b）所示标注。

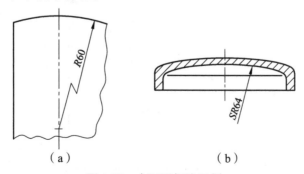

（a）　　　　　　　　　　（b）

图 1.17 大圆弧标注示例

（4）圆的半径（标注示例如图 1.18 所示）。

① 半径尺寸数字前加注符号"R"。

② 半径尺寸必须标注在投影为圆弧的图形上，且尺寸线应通过圆心。

③ 半圆或小于半圆的圆弧标注半径尺寸。

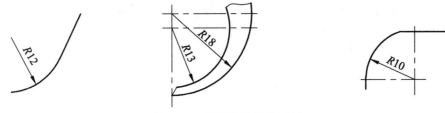

图 1.18　圆的半径标注示例

（5）狭小部位尺寸（标注示例如图 1.19 所示）。

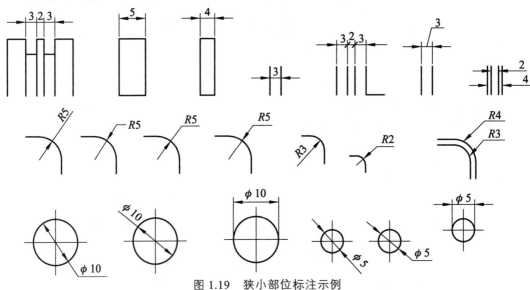

图 1.19　狭小部位标注示例

（6）对称机件。

当对称机件的图形只画一半或略大于一半时，尺寸线应略超过对称中心或断裂处的边界线，并在尺寸线一端画出箭头（见图 1.20）。

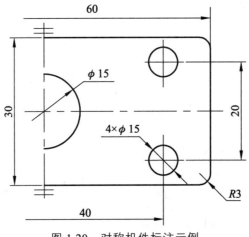

图 1.20　对称机件标注示例

（7）正方形结构。

表示剖面为正方形结构尺寸时，可在正方形尺寸数字前加注"□"符号，或用 $a \times a$ 表示（见图 1.21）。

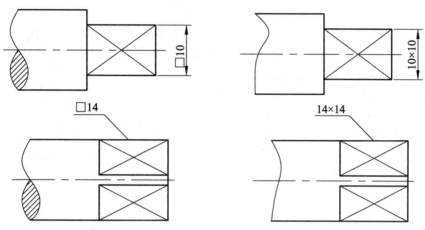

图 1.21　正方形结构标注示例

（8）板状类零件。

标注板状类零件的厚度时，可在尺寸数字前加符号"t"（见图 1.22）。

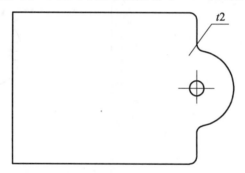

图 1.22　板状类零件标注示例

（9）光滑过渡处（标注示例如图 1.23 所示）。

① 在光滑过渡处标注尺寸时，须用细实线将轮廓线延长，从交点处引出尺寸界线。

② 当尺寸界线过于靠近轮廓线时，允许倾斜画出。

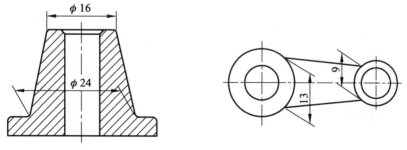

图 1.23　光滑过渡处标注示例

（10）弦长及弧长（标注示例如图 1.24 所示）。

① 标注弧长时，应在尺寸数字上方加注符号"⌒"。

② 弦长及弧长的尺寸界线应平行于该弦的垂直平分线，当弧较大时，尺寸界线可沿径向引出。

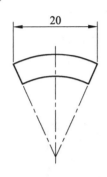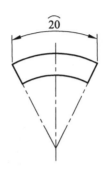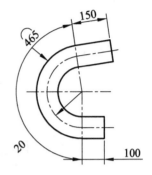

图 1.24　弦长及弧长标注示例

（11）球面。

标注球面直径或半径时，应在"ϕ"或"R"前面加注符号"S"。对标准件，轴或手柄的前端，在不引起误解的情况下，可以省略符号"S"（见图 1.25）。

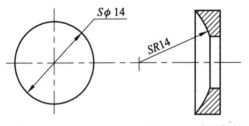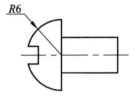

图 1.25　球面标注示例

（12）斜度和锥度（标注示例如图 1.26 所示）。

① 斜度和锥度的标注，其符号应与斜度和锥度的方向一致。

② 符号的线宽为 $h/10$。

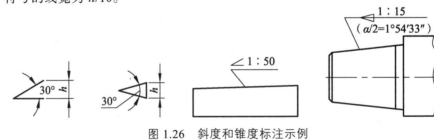

图 1.26　斜度和锥度标注示例

1.2　常用几何作图

几何作图方法（geometric construction method），是一种重要的数学方法，指在有限次使用某种特定工具的条件下，作出所要求的图形的方法。按规定寻找某种方法作出所求的图形的过程，称为解几何作图问题，解得的图形称为该几何作图问题的解。

常用几何图形包括正六边形、椭圆等基本图形。

1.2.1　正多边形作图

已知正六边形对角线长度，作正六边形（见图 1.27）。

画图步骤：

（1）画水平、垂直对称中心线，取 1，4 等于对角线长。

（2）过 1，0，4 点分别作同方向的 60°斜线。

（3）过 1，4 点作另一方向的斜线。

（4）过 2，5 点分别作水平线即为所求。

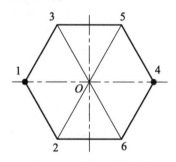

图 1.27　正六边形作图

1.2.2　斜度和锥度

1. 斜度

斜度：一直线或平面相对于另一直线或平面的倾斜程度，见图 1.28。

$$斜度 = \tan\alpha = H/L$$

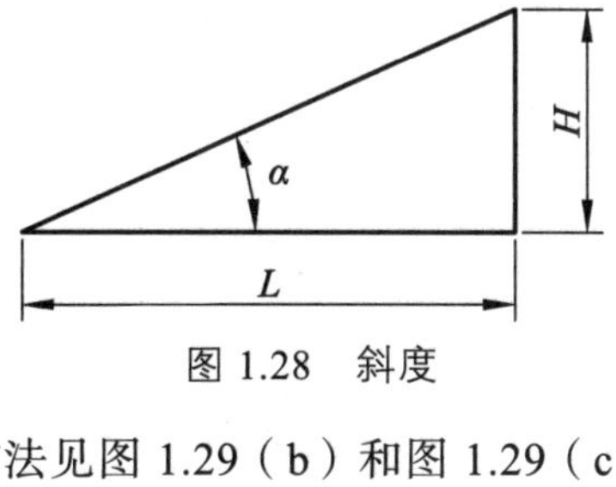

图 1.28　斜度

图 1.29（a）的两种作图方法见图 1.29（b）和图 1.29（c）。

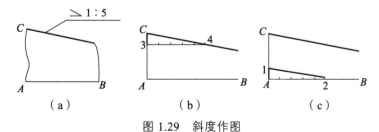

（a）　　　　　　（b）　　　　　　（c）

图 1.29　斜度作图

2. 锥度

锥度：正圆锥底圆直径与圆锥高度之比或正圆锥台两底圆直径之差与圆锥台高度之比，见图 1.30。

$$锥度 = D/L = （D - d）/l$$

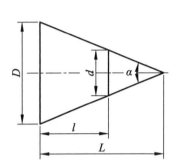
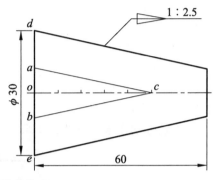

图 1.30　锥度作图

1.2.3　圆弧连接

根据已知条件，准确地求出连接圆弧的圆心和切点。圆弧连接作图分类见图 1.31，作图方法见表 1.7。

（a）圆弧与直线连接　　（b）圆弧与圆弧连接（外切）　　（c）圆弧与圆弧连接（内切）

图 1.31　圆弧连接作图分类

表 1.7　圆弧连接作图方法

条　件	作图方法
用圆弧 R_2 连接两条直线	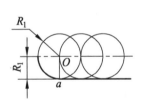 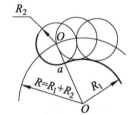 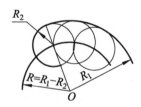
	作两条直线分别平行于两已知直线（距离为 R_2），其交点即为圆心 O；自点 O 向已知直线分别作垂线，垂足即是切点 a、b

续表

条　件	作图方法
用圆弧连接直线 与圆弧 R_1 （圆心 O_1）	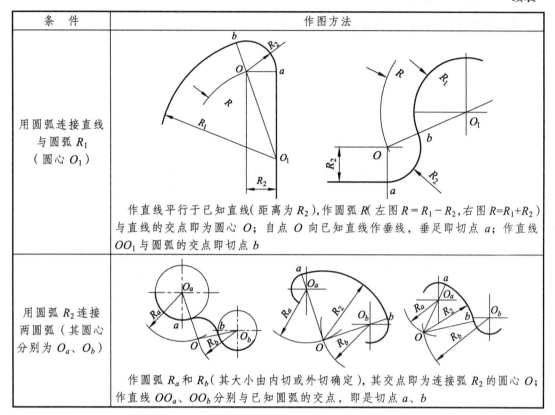 作直线平行于已知直线（距离为 R_2），作圆弧 R（左图 $R=R_1-R_2$，右图 $R=R_1+R_2$） 与直线的交点即为圆心 O；自点 O 向已知直线作垂线，垂足即切点 a；作直线 OO_1 与圆弧的交点即切点 b
用圆弧 R_2 连接 两圆弧（其圆心 分别为 O_a、O_b）	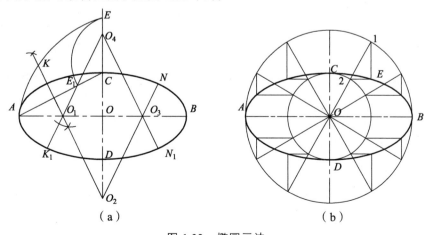 作圆弧 R_a 和 R_b（其大小由内切或外切确定），其交点即为连接弧 R_2 的圆心 O； 作直线 OO_a、OO_b 分别与已知圆弧的交点，即是切点 a、b

1.2.4　常用平面曲线

1. 椭圆画法

已知长轴 AB、短轴 CD，常用的椭圆画法有：

（1）四心法（近似画法）见图 1.32（a）。

（2）同心圆法（准确画法）见图 1.32（b）。

（a）　　　　　　　　　　　（b）

图 1.32　椭圆画法

2. 圆的渐开线画法

已知圆的直径 D，画渐开线的方法如图 1.33 所示。

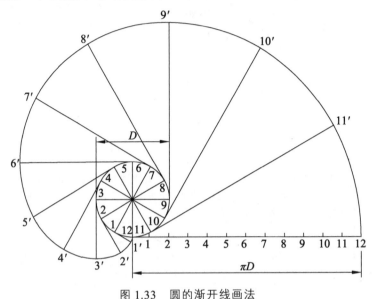

图 1.33　圆的渐开线画法

1.3　平面图形的分析和标注

正确地对平面图形进行尺寸分析和线段分析，掌握圆弧的光滑连接。

1.3.1　平面图形分析要素

图形中的尺寸按其作用可分为定形尺寸和定位尺寸两种。

定形尺寸指确定图形中各部分几何形状大小的尺寸，如图 1.34 中的 $\phi20$，$\phi10$，$\phi14$，$\phi7$ 等。

定位尺寸指确定各几何形状之间相对位置的尺寸，如图 1.34 中的 29 是确定 $\phi14$ 与 $\phi20$ 两圆心相对位置的定位尺寸。

尺寸基准是标注尺寸的起点，对平面图形来说，它们可以是对称线、圆的中心线或直线。图 1.34 是以 $\phi20$ 圆的水平和竖直两条中心线为基准的。有时，点（如圆心）也可以作尺寸基准。

图 1.34　平面图形的尺寸分析

1.3.2　平面图形的尺寸分析

（1）平面图形的尺寸标注要求：正确 —— 符合国标；完整 —— 不多余、不遗漏。多余尺寸示例见图 1.35～1.37。

（2）平面图形尺寸分析：定形尺寸、定位尺寸、尺寸基准。

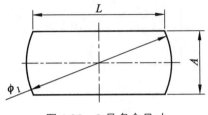

图 1.35　L 是多余尺寸

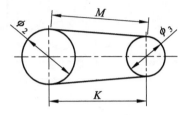

图 1.36　M 是多余尺寸

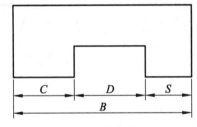

图 1.37　S 是多余尺寸

1. 定形尺寸

定形尺寸对指确定图形大小的尺寸，见图 1.38～1.40。

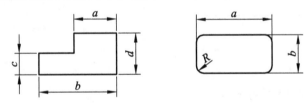

图 1.38　定形尺寸示例 1

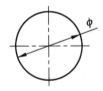
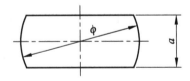

图 1.39　定形尺寸示例 2

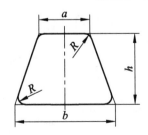
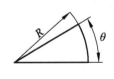

图 1.40　定形尺寸示例 3

2. 定位尺寸

定位尺寸指确定图形各部分相对位置的尺寸，见图 1.41～1.43。

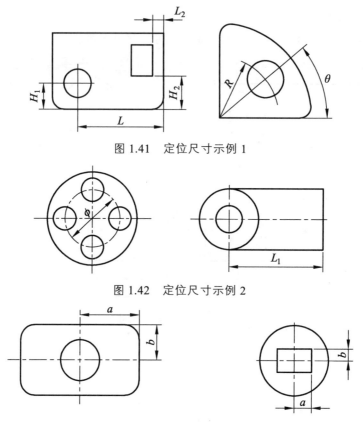

图 1.41 定位尺寸示例 1

图 1.42 定位尺寸示例 2

图 1.43 定位尺寸示例 3

1.3.3 平面图形的尺寸标注

在分清线段种类的基础上,用"图形分析法"标注尺寸。

注意:不标注交线、切线的长度尺寸;不要标注成封闭尺寸;总长、总宽尺寸的处理。

标注示例如图 1.44 ~ 1.50 所示。

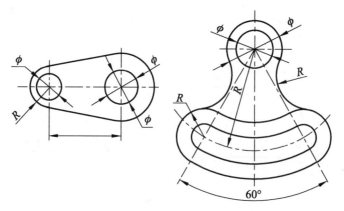

图 1.44 平面图形尺寸标注示例 1

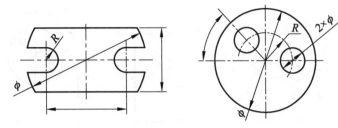

图 1.45　平面图形尺寸标注示例 2

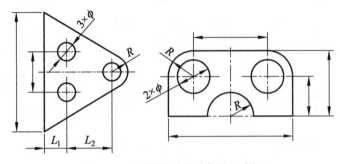

图 1.46　平面图形尺寸标注示例 3

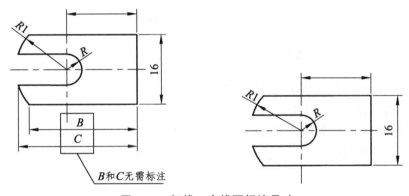

图 1.47　切线、交线不标注尺寸

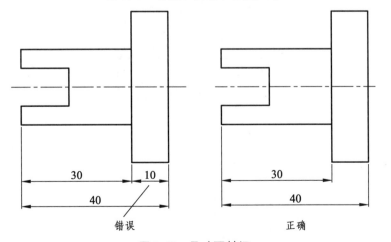

图 1.48　尺寸不封闭

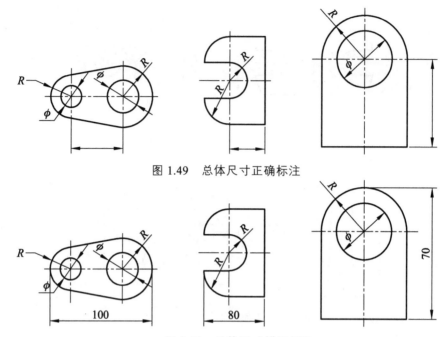

图 1.49　总体尺寸正确标注

图 1.50　总体尺寸错误标注

1.3.4　平面图形的线段分析

根据所标注的定位尺寸数量将线段分为：

（1）已知线段和已知弧（知 R、X、Y）。

（2）中间线段和中间弧（知 R、X 或知 R、Y）。

（3）连接线段和连接弧（只知 R）。

注意：R 表示定形尺寸，X、Y 表示定位尺寸。

举例如图 1.51 所示。

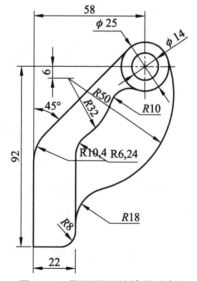

图 1.51　平面图形的线段分析

已知线段和已知弧：22，92，58，ϕ25，ϕ14。
中间线段和中间弧：R50，R32，6，45 直线。
连接线段和连接弧：R18，R12，R8，R10，R20。

1.3.5 平面图形的画图步骤

（1）根据图形大小定比例、图纸幅面；
（2）用胶纸固定图纸；
（3）用细实线画底稿，先画已知线段（弧），再画中间线段（弧），最后画连接线段（弧）；
（4）标注尺寸；
（5）检查、描深；
（6）填写标题栏。

第 2 章　投影基本知识

前面我们学习了制图国家标准的有关规定和几何作图等知识，掌握了平面图形的绘制方法。然而，制图课的核心知识之一是解决如何将空间物体用图样来表达。早在两千多年前我国古代就有了使用图样来建造房屋和制作农具的记载，依据的就是投影理论，本章介绍投影制图知识。

2.1　投影基础

2.1.1　投影概念

投影是根据产生影子的原理，对其加以抽象，假设物体是透明的，光源 S 的光线将物体上的各顶点和各条棱线投射到某一平面 H 上，这些点和棱线的影子所构成的图形就称为投影。这种获得投影的方法称为投影法，如图 2.1 所示。

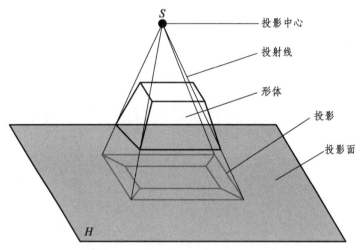

图 2.1　投影概念

1. 构成投影的四个要素

（1）物体；

（2）投影面；

（3）投射线；

（4）投影。

2. 投影的分类

投影可分为中心投影和平行投影两类。

（1）中心投影。

中心投影法：投射线汇交于一点的投影方法。

中心投影特点：投影近大远小，不反映物体真实大小，常用来绘制建筑效果图。

（2）平行投影。

平行投影法：投射线互相平行的投影方法，称为平行投影法。又分为：

① 斜投影，即投射线与投影面倾斜。

② 正投影，即投射线与投影面垂直，如图 2.2 所示。

正投影法能真实反映物体的形状和大小，而且作图方便，是工程图样中采用的基本方法。

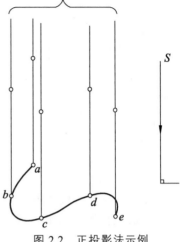

图 2.2　正投影法示例

3. 工程上常用的几种投影图

（1）透视投影图：是指按中心投影法绘制的图形。常用来作大型工程的效果图，且作图复杂，度量性差。

（2）轴测投影图：是指按平行投影法绘制的图形。常用来作工程辅助图样，其立体感强，作图麻烦。

（3）多面正投影图：用正投影法把形体向几个互相垂直的投影面进行投影所得到的图形。它能准确反映物体的形状，作图方便，度量性好。

（4）标高投影图：是一种单面正投影图。其立体感差，但能在一个投影面上表达不同高度的形状，常用于表达地形。

2.1.2　正投影特性

正投影法具有全等性、积聚性、类似性和平行性，它的特性见图 2.3。由于正投影法具有以上四种特性，它能准确反映形体的真实尺寸和结构，使得正投影法成为绘制工程图样的基本方法。

1. 全等性

当直线、曲线、平面平行于投影面时，直线和曲线的正投影反映实长，平面的投影反映真实形状。

2. 积聚性

当直线、曲线或平面垂直于投影面时，直线的正投影积聚成一点，曲线和平面积聚成曲线或直线。

3. 类似性

当直线、曲线或平面倾斜于投影面时，直线和曲线的投影仍为直线和曲线，但小于实长，平面的投影小于真实大小，形状与原平面相似。

4. 平行性

互相平行的两条直线或两个平面，在同一投影面上的投影仍然互相平行。

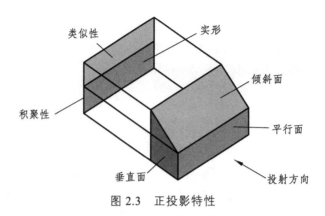

图 2.3　正投影特性

正投影法能准确地表达物体的形状，度量性好，画图方便，在工程上得到广泛运用。投影是人眼观物得到的图形，眼光被称作视线，因此用投影法绘制的物体的投影图也叫作视图。

2.2　三视图的形成

2.2.1　问题提出

图 2.4 是用正投影方法画出的三个不同形体的单面投影图，可以看到，三个投影图的形状是相同的。

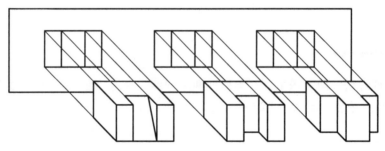

图 2.4　单投影示例

工程上为了准确表达物体的形状采用的是多面正投影图，三视图则是准确表达形体的一种基本方法。

2.2.2　三个投影面

三个互相垂直的平面 V、H、W 把空间分为八个部分，称为八个分角，各分角的表示方法如图2.5 所示。

目前国际上使用两种投影面体系，即第一分角和第三分角。我国采用的是第一分角画法。第一分

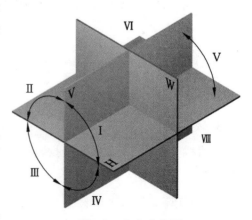

图 2.5　八个分角图

角画法中三个投影面如下（见图 2.6）：

（1）正立投影面简称正面，用 V 表示。物体在 V 面上的正投影图称为主视图。

（2）水平投影面简称水平面，用 H 表示。物体在 H 面上的正投影图称为俯视图。

（3）侧立投影面简称侧面，用 W 表示。物体在 W 面上的正投影图称为左视图。

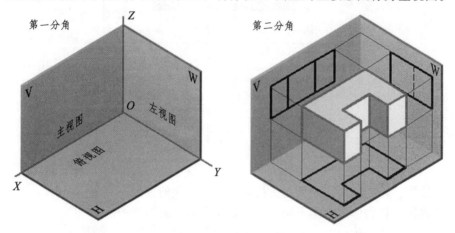

图 2.6　第一分角三个投影面

2.2.3　三视图的形成

前面介绍了三投影面体系，初步了解了三视图的形成方法。图 2.6 中显示的三投影面体系和三视图均为空间的情况，如何在平面上（图纸）画三视图呢？

为了能在平面上表示出三维的物体就需要将三投影面体系作必要的转换。将空间物体放在三面投影体系当中，向三面投影，即得到三视图（见图 2.7）。

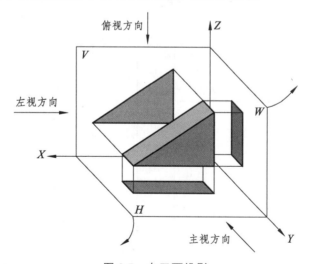

图 2.7　向三面投影

为使三面投影图在同一平面上，保持 V 面不动，H 面绕 X 轴向下旋转 90°，W 面绕 Z 轴向右旋转 90°，见图 2.8。

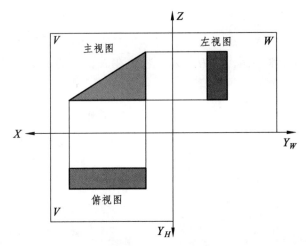

图 2.8　平面上画三视图

（1）主视图：将物体由前向后向正投影面投影得到的视图。

（2）俯视图：将物体由上向下向水平投影面投影得到的视图。

（3）左视图：将物体由左向右向侧投影面投影得到的视图。

由于投影面是设想的，并无固定的大小边界范围，而投影图与投影面的大小无关，所以作图时也可以不画出投影面的边界。

2.2.4　三视图投影规律

1. 度量关系

物体有长、宽、高三个方向尺寸，OX 轴度量长度、OY 轴度量宽度、OZ 轴度量高度，如图 2.9 所示。

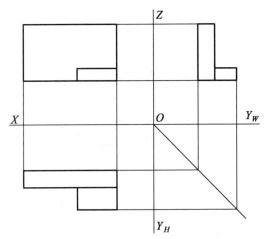

图 2.9　三视图度量关系

根据三视图之间的投影关系，归纳出三面投影图的投影规律：主、俯视图长对正；主、左视图高平齐；俯、左视图宽相等。简称三等规律。

2. 方位关系

　　V 面投影图反映形体的上、下和左、右的情况；H 面投影图反映形体的前、后和左、右的情况；W 面投影图反映形体的上、下和前、后情况，如图 2.10 所示。

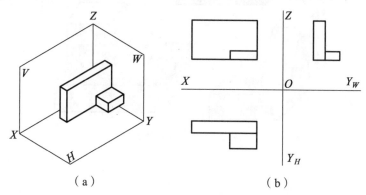

（a）　　　　　　　　　　　　　　（b）

图 2.10　三视图方位关系

2.2.5　三视图的识读

　　三视图的识读见图 2.11。
　　（1）形体的 V 面投影反映了形体的正面形状和形体的长度及高度。
　　（2）形体的 H 面投影反映了形体顶面的形状和形体的长度及宽度。
　　（3）形体的 W 面投影反映了形体左侧面的形状和形体的高度及宽度。

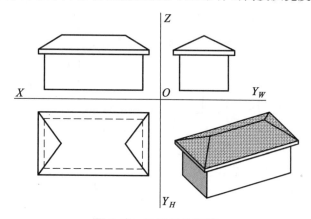

图 2.11　三视图的识读

2.3　三视图的绘制方法

1. 形体的摆放

　　同一形体的摆放可以有多种（见图 2.12 所示），应使形体上尽量多的面与投影面平行或垂直，并让形体结构特征明显的方向为主视方向。

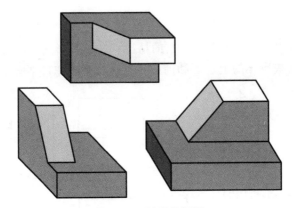

图 2.12　形体的摆放

2. 画图

（1）定位、布置图、打底稿，见图 2.13（a）。

（2）先从主视图开始绘制，见图 2.13（b）。

（3）运用"三等"规律，画出其他两视图，见图 2.13（c）。

（4）检查底稿，加深，完成全图，见图 2.13（c）。

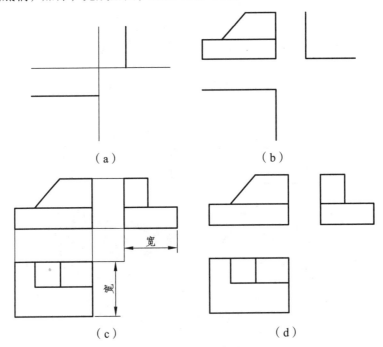

（a）　　　　　　　　　（b）

（c）　　　　　　　　　（d）

图 2.13　画图步骤

第 3 章　常见几何体三视图

任何形体都是由点、线、面组成的，本章内容是在研究点、线、面投影的基础上进一步论述立体投影的作图问题。立体表面由若干面组成，表面均为平面的立体称为平面立体；表面为曲面或平面与曲面组合的立体称为曲面立体。在投影图上表示一个立体，就是把这些平面和曲面表达出来，然后根据可见性原理判断线条是可见的还是不可见的，分别用实线和虚线来表达，从而得到立体的投影图。

3.1　点的投影

如图 3.1 所示，一个形体由多个侧面围成，各侧面相交于多条侧棱，各侧棱相交于多个顶点 A、B、C、…、J 等。如果画出各点的投影，再把各点的投影一一连接，就可以作出一个形体的投影。

点是形体的最基本的元素，点的投影规律是点、线、面投影的基础。

3.1.1　普通点投影

如图 3.2 所示点 A 在三面体中的投影：

a' —— 点 A 的正面投影。

a —— 点 A 的水平投影。

a'' —— 点 A 的侧面投影。

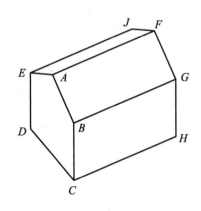

图 3.1　形体的投影

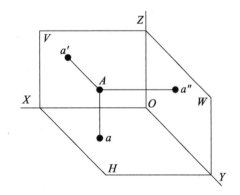

图 3.2　点 A 在三面体中的投影

一般约定：空间点用大写字母表示，点的投影用小写字母表示，如图 3.3 所示。

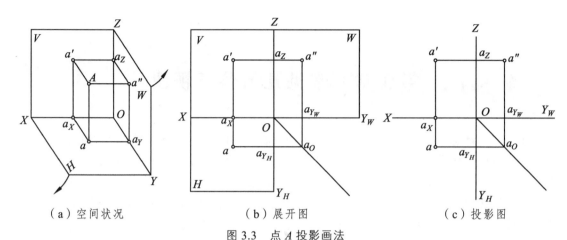

（a）空间状况　　　　　　　　（b）展开图　　　　　　　　（c）投影图

图 3.3　点 A 投影画法

点的三面投影规律：

（1）投影之间的连系线垂直于投影轴，即 $aa' \perp OX$，$a'a'' \perp OZ$。

（2）点的 H 面投影 a 到 OX 的距离等于点的 W 面投影 a'' 到 OZ 轴的距离，即 $aa_X = a''a_Z$。

3.1.2　重影点投影

空间两点在某一投影面上的投影重合为一点时，称此两点为该投影面的重影点，如图 3.4 所示。

一般约定：被挡住的投影加（　），如图 3.5 所示。

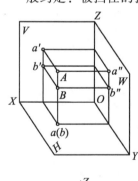

图 3.4　重影点示意

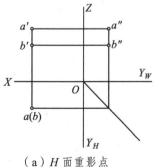

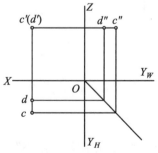

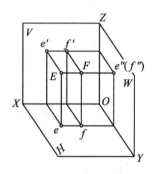

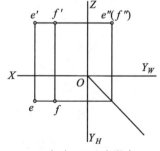

（a）H 面重影点　　　　　　　（b）V 面重影点　　　　　　　（c）W 面重影点

图 3.5　重影点投影画法

3.2　直线的投影

一般情况下，直线的投影仍为直线。两点确定一条直线，将直线上两点的同名投影用直线连接起来，就得到直线的三面投影。直线的投影分投影面平行线、投影面垂直线和一般位置直线。

3.2.1　投影面平行线

投影面平行线是指在空间与一个投影面平行同时与另外两个投影面倾斜的直线。投影面平行线分为水平线、正平线、侧平线。

（1）水平线与 H 面平行同时与 V 面、W 面倾斜，见图3.6（a）。

（2）正平线与 V 面平行同时与 H 面、W 面倾斜，见图3.6（b）。

（3）侧平线与 W 面平行同时与 H 面、V 面倾斜，见图3.6（c）。

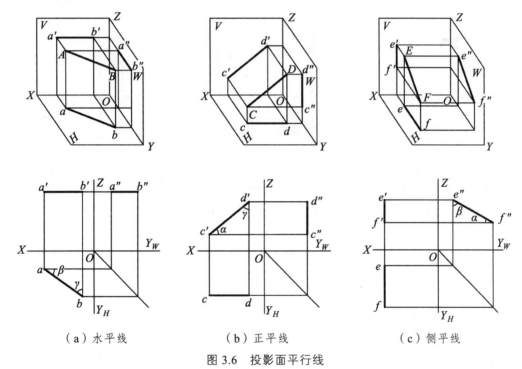

（a）水平线	（b）正平线	（c）侧平线

图3.6　投影面平行线

投影面平行线投影特性：

（1）在与直线平行的那个投影面上的投影反映实长，并反映直线与另外两个投影面的真实倾角。

（2）另外两个投影面上的投影平行于相应的投影轴。

3.2.2　投影面垂直线

投影面垂直线是指在空间与一个投影面垂直，同时与另外两个投影面平行的直线。投影面垂直线分为铅垂线、正垂线、侧垂线。

（1）铅垂线与 H 面垂直同时与 V 面、W 面平行，见图 3.7（a）。

（2）正垂线与 V 面垂直同时与 H 面、W 面平行，见图 3.7（b）。

（3）侧垂线与 W 面垂直同时与 H 面、V 面平行，见图 3.7（c）。

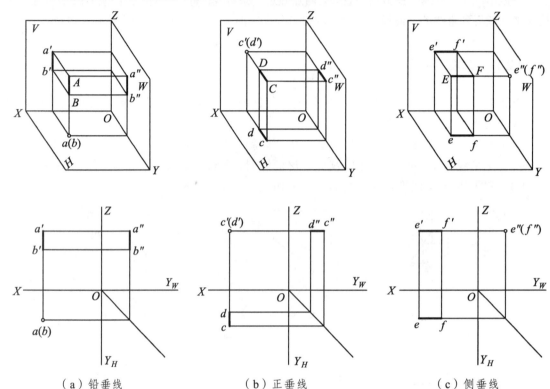

| （a）铅垂线 | （b）正垂线 | （c）侧垂线 |

图 3.7　投影面垂直线

投影面垂直线投影特性：

（1）在与直线垂直的投影面上，投影有积聚性。

（2）另外两个投影反映线段实长，且垂直于相应的投影轴。

3.2.3　一般位置直线

投影面平行线和投影面垂直线以外的直线叫作一般位置直线，如图 3.8 所示。

投影特性：三个投影都不反映空间线段的实长及与三个投影面夹角的真实大小，且与各投影轴都倾斜。

3.3　平面的投影

平面对于三投影面的位置可分为三类：平行、垂直、倾斜，见图 3.9。

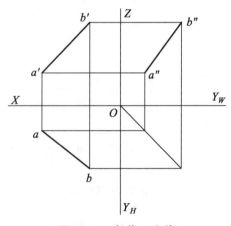

图 3.8　一般位置直线

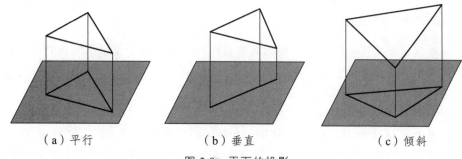

|（a）平行|（b）垂直|（c）倾斜|

图 3.9　平面的投影

投影特性：

（1）平面平行投影面：投影反映实形。

（2）平面垂直投影面：投影积聚成线段。

（3）平面倾斜投影面：投影类似原平面。

3.3.1　投影面的平行面

投影面的平行面是指在空间与一个投影面平行同时与另外两个投影面垂直的平面。投影面平行面分为水平面、正平面、侧平面。

（1）水平面：与 H 面平行同时与 V 面、W 面垂直，见图 3.10（a）。

（2）正平面：与 V 面平行同时与 H 面、W 面垂直，见图 3.10（b）。

（3）侧平面：与 W 面平行同时与 H 面、V 面垂直，见图 3.10（c）。

投影面平行面的投影特点：在它所平行的投影面上的投影反映其实形，另外两个投影积聚成直线并平行于相应的投影轴。

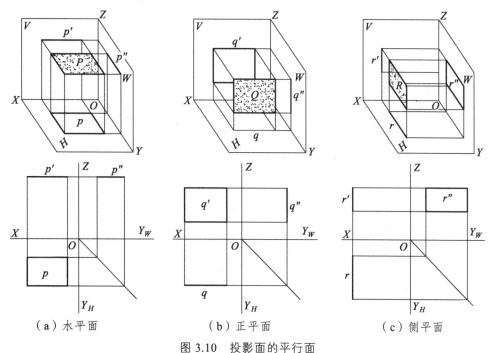

|（a）水平面|（b）正平面|（c）侧平面|

图 3.10　投影面的平行面

3.3.2 投影面的垂直面

投影面垂直面是指在空间与一个投影面垂直同时与另外两个投影面倾斜的平面。投影面垂直面分为铅垂面、正垂面、侧垂面。

（1）铅垂面：与 H 面垂直同时与 V 面、W 面倾斜，见图 3.11（a）。

（2）正垂面：与 V 面垂直同时与 H 面、W 面倾斜，见图 3.11（b）。

（3）侧垂面：与 W 面垂直同时与 H 面、V 面倾斜，见图 3.11（c）。

投影面垂直面的投影特点：在它所垂直的投影面上的投影积聚为直线且反映平面与另外两个投影面的倾角。

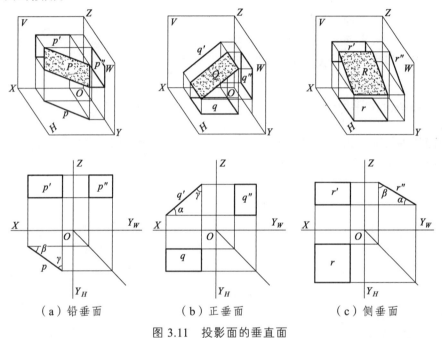

（a）铅垂面　　　　　　（b）正垂面　　　　　　（c）侧垂面

图 3.11　投影面的垂直面

3.3.3 一般位置平面

一般位置平面在空间与三个投影面都倾斜，它的三面投影都没有积聚性，也不反映平面的实形和与各投影面的倾角的大小，如图 3.12 所示。

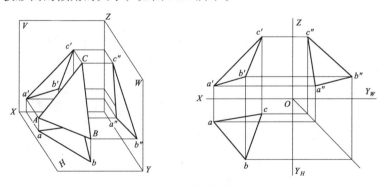

图 3.12　一般位置平面

3.4　平面基本体的投影

平面基本体的投影实质是关于其表面上点、线、面投影的集合，且以棱边的投影为主要特征。对于可见的棱边，其投影以粗实线表示；反之，则以虚线表示。在投影图中，当多种图线发生重叠时，应以粗实线、虚线、点画线等顺序优先绘制。

平面基本体的各表面都是平面，平面与平面的交线称为棱线，棱线与棱线的交点称为顶点。平面基本体可分为棱柱体和棱锥体。

3.4.1　棱柱体

棱柱体由两个底面和几个侧棱面组成。侧棱面与侧棱面的交线叫侧棱线，侧棱线相互平行。棱柱的投影特点：一个投影反映底面实形，而其余两个投影则为矩形或复合矩形。

下面以正六棱柱为例作棱柱体的三视图。

作投影图时，先画出正六棱柱的水平投影正六边形，再根据其他投影规律画出另外的两个投影，如图 3.13 所示。

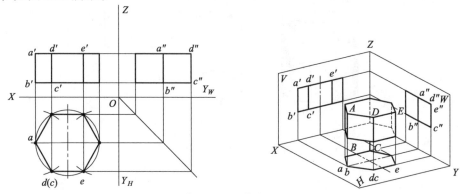

图 3.13　正六棱柱三视图

3.4.2　棱锥体

棱锥由一个底面和几个侧棱面组成，侧棱线交于有限远的一点（锥顶）。

棱锥处于图 3.14 所示位置时，其底面 ABC 是水平面，在俯视图上反映为实形。侧棱面 SAC 为背面侧棱面，另两个侧棱面是左右侧棱面。

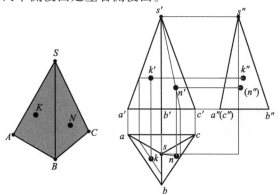

图 3.14　棱锥体三视图

3.5 曲面基本体的投影

曲面基本体的表面是曲面或曲面与平面的组合，绘制它们的投影时，由于表面没有明显的棱线，所以需要画出曲面的转向线。曲面上的转向线是曲面上可见投影与不可见投影的分界线。在投影面上，当转向线的投影与中心线的投影重合时，规定只画中心线。

在机械工程中，用得最多的曲面基本体是圆柱、圆锥、圆球和圆环这四种回转体。作它们在投影面上的投影就是把组成立体的回转面或平面和回转面的投影表示出来，并判别可见性。下面主要介绍这些回转体的性质及其画法。

3.5.1 圆柱体

圆柱体是由两个底面和一个侧面组成的，如图 3.15 所示。

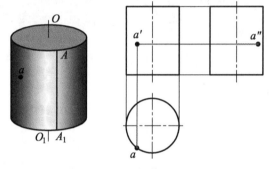

图 3.15 圆柱体三视图

3.5.2 圆锥体

圆锥体由圆锥面和底面组成。圆锥面是由直线 SA 绕与它相交的轴线 OO_1 旋转而成，S 称为锥顶，直线 SA 称为母线。圆锥面上过锥顶的任一直线称为圆锥面的素线，见图 3.16。

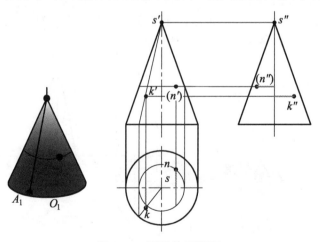

图 3.16 圆锥体三视图

在图 3.16 所示位置，俯视图为一圆，另两个视图为等边三角形，三角形的底边为圆锥底面的投影，两腰分别为圆锥面不同方向的两条轮廓素线的投影。

3.5.3　圆　球

圆球是以圆为母线绕母线的直径旋转而成。图 3.17 所示三个视图分别为三个和圆球的直径相等的圆，它们分别是圆球三向轮廓线的投影。

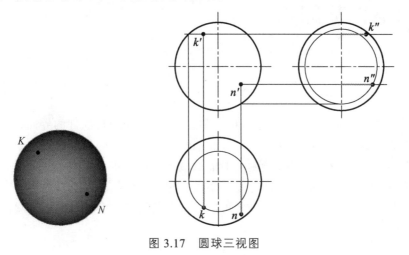

图 3.17　圆球三视图

3.5.4　圆　环

圆环面是由一个完整的圆绕轴线回转一周而形成，轴线与圆母线在同一平面内，但不与圆母线相交。

主、左视图是极限位置素线（圆）和内、外环分圆的投影；俯视图是上、下的投影；点画线圆表示母线圆心的轨迹，见图 3.18。

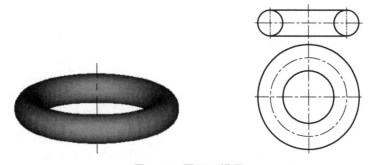

图 3.18　圆环三视图

第2篇
AutoCAD 基础篇

本篇是为初学 AutoCAD 的学者准备的，主要介绍 AutoCAD 软件的界面，以及在绘图中应当遵守的规范、图纸设置的大小和单位等。初学 AutoCAD 的基本绘图命令、基本编辑命令及文字和尺寸的标注命令，可以绘制一般的机械图，进一步可以综合各种命令绘制复杂的图形，以及利用 AutoCAD 强大的功能设计零件、建筑、矿山图纸。其内容的丰富性和清晰性给读者在绘图过程中创造了方便，读者可以根据自己的需求有选择地进行阅读。

第 4 章　AutoCAD 绘图基础

AutoCAD 全名为 Autodesk Computer Aided Design（计算机辅助绘图），是指利用计算机的计算功能和高效的图形处理能力，对各个领域的产品进行辅助设计、分析、修改和优化。它是由美国欧特克有限公司出品的一款自动计算机辅助设计软件，可用于绘制二维图形和完成基本三维设计。

4.1　AutoCAD 绘图规范

为了配合生产组织模式，要求统一各行业制图规范，保证制图质量，做到图面清晰、简明，符合设计、施工、存档的要求，适应工程建设的需要，并充分利用网络资源，解决资源共存问题，进一步提高设计效率。各行业制图须符合各行业的标准规范，国家质量技术监督局对各行业均颁发有不同国家标准。工程制图应严格遵照国家有关建筑制图规范制图，且要求所有图面的表达方式均保持一致。

4.1.1　绘图的一般原则

（1）作图步骤：设置图幅→设置单位及精度→建立若干图层→设置对象样式→开始绘图。

（2）绘图始终使用 1∶1 比例。为改变图样的大小，可在打印时在图纸空间内设置不同的打印比例。

（3）为不同类型的图元对象设置不同的图层、颜色及线宽，而图元对象的颜色、线型及线宽都应由图层控制（BYLAYER）。

（4）需精确绘图时，可使用栅格捕捉功能，并将栅格捕捉间距设为适当的数值。

（5）不要将图框和图形绘在同一幅图中，应在布局（LAYOUT）中将图框按块插入，然后打印出图。

（6）对于有名对象，如视图、图层、图块、线型、文字样式、打印样式等，命名时不仅要简明，而且要遵循一定的规律，便于查找和使用。

（7）将一些常用设置，如图层、标注样式、文字样式、栅格捕捉等内容设置在一图形模板文件中（即另存为*.DWF 文件），以后绘制新图时，可在创建新图形向导中单击"使用模板"来打开它，并开始绘图。

4.1.2　绘图流程

（1）环境设定：包括图限、单位、捕捉间隔、对象捕捉方式、尺寸样式、文字样式和图层（含颜色、线型、线宽）等的设定。对于单张图纸，其中文字和尺寸样式的设定可以放在需要用的时候设定；对于整套图纸，应当全部设定完后，保存成模板，方便以后绘制新图时套用该模板。

（2）绘制图形：一般先绘制辅助线（单独放置在一层），用来确定尺寸基准的位置；选择好图层后，绘制该层的线条；应充分利用计算机的优点，让 AutoCAD 完成重复的劳动；充分发挥每条编辑命令和辅助绘图命令的优势，对同样的操作尽可能一次完成；采用必要的捕捉、追踪等功能进行精确绘图。

（3）标注尺寸：标注图样中必须有的尺寸，具体应根据图形的种类和要求来标注。

（4）绘制剖面线：绘制填充图案，为方便边界的确定，必要时可关闭中心线层。

（5）保存、输出图形：将图形保存起来备用，需要时在布局中设置好后输出成硬拷贝。

4.1.3　图纸规范

在工作中，常用的打印纸大小是有标准的。而在 AutoCAD 工程图纸里面，图纸框的绘制也是按 GB/T 14689—2008 执行（见 1.1.1）。

根据本专业习惯，可将图框与标题栏画好，存在 Autocad\Template\目录内，类型为*.dwt，作为"样本图形文件"供后期绘图时调用，这样可节省大量每次需重画的时间。

4.1.4　图笔与颜色规范

一张拥有层次分明且粗细不同线条所组成的图面，才是一张漂亮成功的图面。所以，在手工绘图里，是以更换图笔的动作来绘出不同粗细的线条的。但在 CAD 绘图里，控制图面线条粗细的方法并不在绘图的过程里，而是在事后输出绘图仪时，才根据线条的颜色来分粗细的。

依据国标规定,线条粗细与颜色的配合建议如表 4.1 所示。

表 4.1 线条粗细与颜色的配合

线条颜色	线条性质	粗细	建议线条粗细配合组合				
黑色	轮廓线、图框线、强调性粗线	粗	1.0	0.8	0.7	0.6	0.5
红色	隐蔽轮廓线、设备线、短切断线、虚线、实线	中	0.7	0.6	0.5	0.4	0.35
桃红色	尺寸线、折断线、节线、中心线、假象线、剖面线、引导线	细	0.35	0.3	0.25	0.2	0.18

4.1.5 单位规范

单位的规范是每一个专业领域在绘图前认定好的,而且可以说是一项"规矩"。在 AutoCAD 作图中,比例一般取 1 个作图单位即 1 mm(或 1 m)的实际长度。可以从"菜单栏→格式(O)→单位(U)"菜单中进行设定,或者利用"units"命令设定。

4.1.6 文字字型规范

文字的字高和字体在工程图中也是有规范的,基本字高范围分别是 2.5、3.5、5、7、10、14、20mm 等七类,最小字高不得低于 2.5 mm,高宽比设定为 0.7。

一般情况下图前栏中工程名称项目名称及图名采用 5 mm 字高。

图别、版号采用 4.5 mm 字高;工程号、日期、英文、数字采用 3.5mm 字高;间距及行距:字间距宜使用标准字间距,行距宜采用 1.5 倍或 3 倍行距。

字体样式:图中文字及说明文字统一选用 HZS(长仿宋体),使用字体类型 STYLE 定为 ECADI(hzs.shx,hztxt.shx)。

依据国标标准的最小字高建议如表 4.2 所示。

表 4.2 最小字高

套用处	所使用的图纸大小	建议最小字高		
		中文字	英文字	数字
标题图号	A0、A1、A2、A3	7	7	7
	A4、A5	5	5	5
尺寸注解	A0	5	3.5	2.5
	A1、A2、A3、A4、A5	3.5	2.5	2.5

方体:1∶1;长体:4∶3;宽体:3∶4;字间距均为 1/3。

字型可自"格式(O)"下拉式菜单里的"文字类型(S)..."项目设定。

4.1.7　线　型

1. 基本线型

在 AutoCAD 中常用的线型见表 4.3。

表 4.3　基本线型

名　称	基本线型形式	线宽	AutoCAD 中对应名称和命令
细实线	——————————————	0.25b	CONTINUOUS（Line）
中实线	——————————————	0.5b	CONTINUOUS（Line）
粗实线	——————————————	b	CONTINUOUS（Line）
细虚线	— — — — — — — —	0.25b	DASHED（Line）
中虚线	— — — — — — — —	0.5b	DASHED（Line）
粗虚线	— — — — — — — —	b	DASHED（Line）
细单点长画线	— · — · — · — · —	0.25b	DASHDOT（Line）
粗单点长画线	— · — · — · — · —	b	DASHDOT（Line）
长画短画线	— – — – — – — –	0.25b	CENTER（Line）
折断线	—————／\／———	0.25b	LSP 文件名 "BL"

2. 线宽

线宽分粗（b）、中（0.5b）、细（0.25b）三级，绘图时应根据绘图比例大小成级差组选用。严禁在同级内选用线宽，各专业应严格采用本专业的标准线宽组进行绘图。

（1）图纸比例等于小于 1：200 时，如 1：300，1：500 等，选用表 4.4 中线宽。

表 4.4　线　宽

线宽比	线宽	常用线型名称
b	0.45	粗实线、粗虚线
0.5b	0.25	中实线、中虚线
0.25b	0.18	细实线、细虚线、细点画线、折断线、波浪线、轴线、剖面填充线

（2）图纸比例大于 1：200 时，如 1：150，1：100，1：50，1：20 等，选用表 4.5 中线宽。

表 4.5　线　宽

线宽比	线宽	常用线型名称
b	0.6	粗实线、粗虚线
0.5b	0.25/0.35	中实线、中虚线
0.25b	0.18	细实线、细虚线、细点画线、折断线、波浪线、轴线、剖面填充线

4.1.8 符 号

1. 轴线号

（1）轴线号以直径 8 mm 的细实线绘制。圆形平面中，定位轴线的编号，其横向开间轴线宜用阿拉伯数字表示，从左边下角开始向右边按顺序编写；其竖向进深轴线宜用大写拉丁字母表示，从下向上按顺序编写，其中拉丁字母的 I、O、Z 不得用作轴线编写。

（2）组合较复杂的平面中定位轴线可采用分区编号，编号的注写形式应为"分区号—该分区编号"，分区号采用阿拉伯数字。

（3）1 号轴线或 A 号轴线之前的附加轴线的分母应以 01 或 0A 表示。

2. 索引号

（1）索引号的圆以细实线绘制，直径为 9 mm；引出线以细实线绘制，宜采用水平方向的直线，与水平方向成 30°，45°，60°，90°的直线；

（2）详图符号的圆应以直径 14 mm 的粗实线绘制，详图编号应按顺序有规律绘制，并与索引编号相对应。

4.1.9 尺寸公差与配合规范

1. 线性尺寸（上下偏差）

当采用极限偏差标注线性尺寸的公差时，上偏差应注在基本尺寸的右上方，下偏差应与基本尺寸注在同一底线上。上下偏差的数字的字号应为基本尺寸数字的 0.7 倍。上下偏差的小数点必须对齐，小数点后右端的"0"一般不予注出。如果为了使上、下偏差值的小数点后的位数相同，可以用"0"补齐。

2. 线性尺寸（对称偏差）

当公差带相对于基本尺寸对称地配置，即上下偏差的绝对值相同时，偏差数字可以只注写一次，并应在偏差数字与基本尺寸之间注出符号"±"，且两者数字高度大小相同。

3. 线性尺寸公差的附加符号注法

当尺寸仅需要限制单个方向的极限时，应在该极限尺寸的右边加注符号"max"或"min"。

同一基本尺寸的表面，若有不同的公差时，应用细实线分开，并分别标注其公差。如要素的尺寸公差和形状公差的关系需满足包容要求时，应按 GB/T1182 的规定在尺寸公差的右边加注符号"E"。

4. 角度公差的标注

角度公差的标注，其基本规则与线性尺寸公差的标注方法相同

5. 配合

H7/m6 属于过渡配合，H7/g6 属于间隙配合，H7/s6 属于过盈配合。

H7/m6 这组合配可能出现两种情况：一是孔比轴大的间隙配合情况；二是孔比轴小的配合情况。这种配合就叫作过渡配合。

H7/g6 这组合配只能出现一种情况：孔比轴大，这种配合就叫作间隙配合。

H7/s6 这组合配也只能出现一种情况：孔比轴小，这种配合就叫作过盈配合。

4.1.10　尺寸标注的基本规则

（1）图形对象的大小以尺寸数值所表示的大小为准，与图线绘制的精度和输出时的精度无关。

（2）一般情况下，采用 mm 为单位时不需注写单位，否则应该明确注写尺寸所用单位。

（3）尺寸标注所用字符的大小和格式必须满足国家标准。在同一图形中，同一类终端应该相同，尺寸数字大小应该相同，尺寸线间隔应该相同。

（4）尺寸数字和图线重合时，必须将图线断开。

（5）为尺寸标注建立专用的图层。建立专用的图层，可以控制尺寸的显示和隐藏，并与其他的图线迅速分开，便于修改、浏览。

（6）为尺寸文本建立专门的文字样式。对照国家标准，设定好字符的高度、宽度系数、倾斜角度等。

（7）设定好尺寸标注样式。按照国家标准，创建系列尺寸标注样式，内容包括直线和终端、文字样式、调整对齐特性、单位、尺寸精度、公差格式和比例因子等。

（8）保存尺寸格式及其格式族，必要时使用替代标注样式。

（9）采用 1：1 的比例绘图。由于尺寸标注时可以让 AutoCAD 自动测量尺寸大小，所以采用 1：1 的比例绘图时无须换算，在标注尺寸时也无须再输入尺寸大小。

（10）标注尺寸时应该充分利用对象捕捉功能准确标注尺寸，以便获得正确的尺寸数值。为了便于修改，尺寸标注应该设定成关联的。

（11）在标注尺寸时，为了减少其他图线的干扰，应该将不必要的图层关闭，如剖面线层等。

4.2　AutoCAD 用户界面

4.2.1　AutoCAD 的工作界面及其设置

AutoCAD 用户界面如图 4.1 所示，包含应用程序窗口中的工具，使用应用程序菜单、快速访问工具栏和功能区等。其他工具位置，使用经典菜单栏中的常用工具、工具栏、工具选项板、状态栏、快捷菜单和设计中心可以找到更多命令、设置和模式。自定义绘图环境，可以自定义工作环境中的许多元素以满足用户的需要。

也可以通过"工作空间"工具栏进行设置，如图 4.2 所示。根据绘图的需要，可设置不同的工作空间，方法如下：

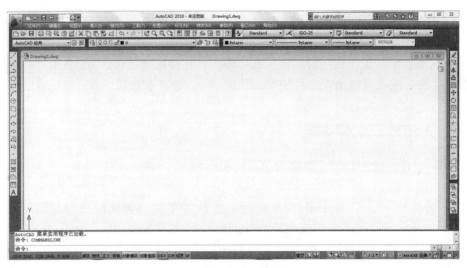

图 4.1　AutoCAD 用户界面

图 4.2　"工作空间"工具栏

（1）单击"工具"→"工作空间"→"三维建模"菜单命令，或在"工作空间"工具栏的下拉列表中，单击"三维建模"命令，即可将工作空间切换为"三维建模"工作空间界面。此时，该界面中的"工具面板集"自动转换为三维绘图的工具集，如图 4.3 所示。

图 4.3　"三维建模"工作空间界面

（2）单击"工具"→"工作空间"→"AutoCAD 经典"菜单命令，或在"工作空间"工具栏的下拉列表中，单击"AutoCAD 经典"命令，即可将工作空间切换为"AutoCAD 经典"工作空间界面。

（3）单击"工具"→"工作空间"→"工作空间设置"菜单命令，或在"工作空间"工具栏中单击"工作空间设置"，调出"工作空间设置"对话框见图 4.4，在该对话框中设置工作空间菜单的显示和顺序。

（4）还可以根据自己的需要设置好工作空间后，单击"工具"→"工作空间"→"将当前工作空间另存为"菜单命令，或在"工作空间"工具栏的下拉列表中，单击"将当前工作空间另存为"命令，调出"保存工作空间"对话框，如图 4.5 所示。在该对话框的"名称"
文本框中输入工作空间的名称，单击"保存"按钮，即可将当前设置好的工作空间保存下来。

图 4.4　"工作空间设置"对话框

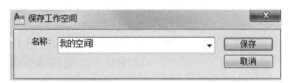

图 4.5　"保存工作空间"对话框

4.2.2　标题栏与菜单栏

1. 标题栏

标题栏位于窗口的顶部，它与其他 Windows 窗口的作用和风格一样。最左边有一个图标
，单击该图标，可以调出一个下拉菜单，利用该菜单中的菜单命令可以进行窗口位置与
大小的调整及关闭窗口。图标的右边显示出软件名称和当前图形文件名。

标题栏右端的 3 个按钮，从左到右分别是"最小化"按钮 、"最大化"按钮 或"还
原"按钮 和"关闭" 按钮。

2. 菜单栏

菜单栏位于标题栏的下方，共有 11 项主菜单。用鼠标左键单击某一个主菜单名，会弹出
它的下拉菜单，单击下拉菜单中的某一个命令（即菜单项），即可执行相应的菜单命令或调出
下一级子菜单。

3. 快捷菜单

在 AutoCAD 中，可以通过单击鼠标右键打开一个与当前操作状态相关的快捷菜单。快
捷菜单集中了相关的菜单命令，利用这些菜单命令可以方便地进行有关操作。

例如，将鼠标指针移到绘图区选中的图形之上，单击鼠标右键，即可调出一个包含"剪
切""复制""缩放""旋转"等与选定对象相关的快捷菜单。如图 4.6 所示，将鼠标指针移到
"布局 2"选项卡上，单击鼠标右键，即可调出一个包含"新建布局""来自样板""重命名"
等与布局操作相关的快捷菜单，如图 4.7 所示。

图 4.6 未选中图形的快捷菜单　　　　图 4.7 布局快捷菜单

4. 自定义快捷菜单

单击"工具"→"选项"菜单命令，调出"选项"对话框。在该对话框的"用户系统配置"选项卡中，单击选中"Windows 标准"区域中的"绘图区域中使用快捷菜单"复选框，再单击"自定义右键单击"按钮（图 4.7），调出"自定义右键单击"对话框。

在"自定义右键单击"对话框中的"默认模式"或"编辑模式"区域，选择需要的选项，如图 4.8 所示。然后，单击"应用并关闭"按钮，返回"选项"（用户系统配置）对话框中。

在"选项"（用户系统配置）对话框中，单击"确定"按钮，即可控制在没有执行任何命令时，在绘图区域上单击鼠标右键所产生的结果。

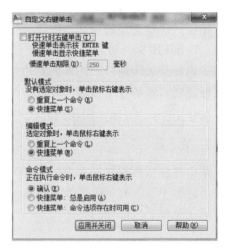

图 4.8 "选项"和"用户系统配置"对话框

4.2.3　工具栏

1. 工具栏简介

AutoCAD 的工具栏集合了常用的命令，它是代替命令操作的最简便工具，利用它们可完成大部分的绘图工作。

工具栏包含了启动命令的按钮。将鼠标指针或定点设备移到工具栏按钮上时，工具栏提示将显示按钮的名称。在工具栏中右下角带有小三角形的按钮，包含相关命令的弹出工具栏。将鼠标指针放在图标上，然后按鼠标左键直到显示出弹出工具栏。

在 AutoCAD 中包含多个已经命名的工具栏，每个工具栏分别包含数量不等的工具，将鼠标指针移到任意工具栏之上，单击鼠标右键，即可调出"工具栏"快捷菜单，利用该快捷菜单可以打开或关闭相应的工具栏。

2. 改变工具栏的位置

工具栏有两种状态，一种为固定状态，此时工具栏位于绘图区的左、右两侧或上方；另一种为浮动状态，即将鼠标指针移到工具栏左侧的双竖线上，按下鼠标左键并将其拖曳到绘图区后再释放鼠标按键，就可使该工具栏浮动到界面上。

当工具栏处于浮动状态时，可以将其移动到任意位置，或通过拖曳其边界调整大小或改变形状，如图 4.9 所示。

3. 创建自定义工具栏

可以向工具栏添加按钮、删除不常用的按钮以及重新排列按钮和工具栏，还可以创建自己的工具栏，并创建或更改与命令相关联的按钮图像。创建新工具栏时，首先需要为其指定一个名称，新工具栏显示为"空"或者不带按钮，然后从现有工具栏或"自定义"（命令）对话框中所列的命令中将按钮拖曳到新工具栏上。

创建自定义工具栏的方法：

（1）单击"工具"→"自定义"→"界面"菜单命令或在命令行窗口输入 CUSTOMIZE 命令，调出"自定义"界面对话框；在该对话框左侧的自定义设置列表框中，单击选中"工具栏"选项，并在其名称之上单击鼠标右键，调出自定义快捷菜单，如图 4.10 所示。

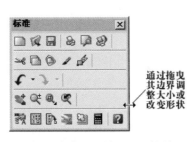

图 4.9　自定义用户界面对话框

图 4.10　调整浮动工具栏

（2）在该快捷菜单中单击"新建工具栏"菜单命令，此时会在工具栏选项的底部添加一个名称为"工具栏 1"的工具栏，同时在右侧的信息栏中显示出新工具栏的预览和特性。

（3）在"工具栏 1"名称之上单击鼠标右键，在调出的快捷菜单中单击"重命名"命令，将该工具栏的名称更改为"我们"，如图 4.11 所示。

（4）在左下方的"命令列表"列表框中，将要添加的命令拖曳到"我们"工具栏名称下面的位置，即可向新工具栏添加命令，同时在右侧的信息栏中，显示"我们"工具栏添加命令后的按钮效果，如图 4.12 所示。然后，单击"确定"按钮，即可完成自定义工具栏的设置。自定义的"用户"工具栏如图 4.12 所示。

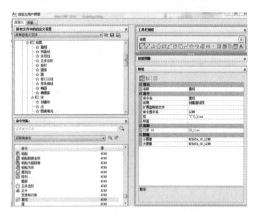

图 4.11　向新工具栏添加命令　　　　　图 4.12　用户工具栏

4.2.4　设计中心

单击"标准"工具栏中的"设计中心"（ctrl+2）按钮，即可调出"设计中心"对话框，如图 4.13 所示。该对话框分为两部分，左侧为树状列表区，右侧为内容区。

通过设计中心，可以组织对图形、块、图案填充和其他图形内容的访问；可以将源图形中的任何内容拖曳到当前图形中；可以将图形、块和填充拖曳到工具选项板上。源图形可以位于本地的计算机、网络位置或网站。另外，如果打开了多个图形，则可以通过设计中心在图形之间复制和粘贴其他内容（如图层定义、布局和文字样式）来简化绘图过程。

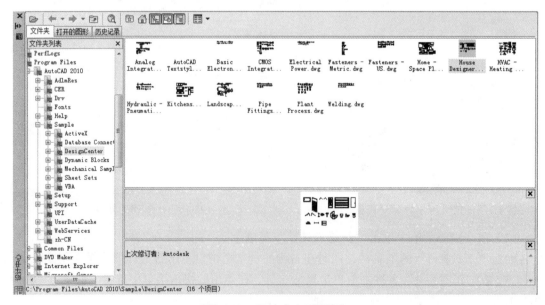

图 4.13　设计中心对话框

4.2.5　工具选项板

单击"标准"工具栏中的"工具选项板"按钮，即可打开或关闭工具选项板。"工具选项板"是窗口中选项卡形式的区域，提供组织、共享和放置块及填充图案的有效方法。"工具选项板"还可以包含由第三方开发人员提供的自定义工具。"工具选项板"主要有以下特点：

（1）位于"工具选项板"上的块和图案填充称为工具，可更改"工具选项板"上任何工具的插入特性或图案特性。例如，更改"指北针"工具的旋转角度，可在"指北针"工具上单击鼠标右键，调出工具快捷菜单，在该菜单中单击"特性"菜单命令（图 4.14），调出"工具特性"对话框，在该对话框中更改"旋转"的角度为 30°（图 4.15），然后单击"确定"按钮，即可将指北针旋转 30°。

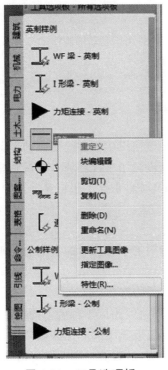

图 4.14　工具选项板

图 4.15　工具特性对话框

（2）从"工具选项板"中拖曳块到绘图区，可以将块放入当前图形。如果将图案拖曳至绘图区的某个图形，则可以快速填充该图形。例如，只需简单地将"渐变"图案从"工具选项板"拖曳至图形中，即可填充该图形，如图 4.16 所示。

（3）在 AutoCAD 中，新增加了"三维制作""表格""引线"等工具选项板，单击"工具选项板"标题栏上的"特性"按钮，即可调出"工具选项板"快捷菜单。在该菜单中单击"三维制作"菜单命令，即可将工具选项板切换为"三维制作"工具选项板，如图 4.17 所示。

（4）单击"工具选项板"标题栏上的"特性"按钮，即可调出"工具选项板"快捷菜单。在该菜单中单击"新建选项板"菜单命令，即可创建新的工具选项板。

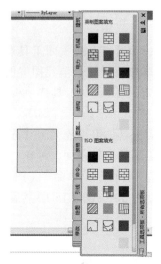

图 4.16　利用工具选项板快速填充图案　　图 4.17　三维制作工具选项板

4.2.6　绘图区、命令行窗口与状态栏

1. 绘图区

绘图区是工作的窗口，所做的一切工作均要反映在该窗口中。在绘图区的左下角有一个坐标系图标，即默认的 WCS（世界坐标系），如果重新设置了坐标系原点或调整坐标的其他设置，则该坐标系由 WCS（世界坐标系）转换为 UCS（自定义）坐标系。

（1）模型/布局选项卡。

① 模型空间与布局图纸空间的概念。

模型空间和图纸空间的区别主要在于，前者是针对图形实体的空间，而后者则是针对图纸布局而言的。

② 模型空间和图纸空间的切换。

在 AutoCAD 中，模型空间和图纸空间的切换可以通过绘图区下部的切换标签来实现。

选择【模型】选项卡进入模型空间，在模型空间可获取无限的图形区域。选择【布局】选项卡进入图纸空间，在模型空间中按 1∶1 的比例绘制，最后的打印比例交给布局来完成。图纸空间侧重于图纸的布局，几乎不用再对图形进行修改编辑。

（2）AutoCAD 的坐标系统。

世界坐标系（World Coordinate System，WCS）是 AutoCAD 的基本坐标系统，它由三个相互垂直并相交的坐标轴 X，Y 和 Z 组成。

用户坐标系：AutoCAD 提供了可变的坐标系统（User CoordinateSystem，UCS）以方便我们绘图。在默认情况下，UCS 与 WCS 重合，可以根据自己的需要来定义 UCS 的 X，Y 和 Z 轴的方向及坐标的原点。

（3）绝对坐标。

笛卡尔坐标系，又称为直角坐标系，由一个原点[坐标为（0，0）]和两个通过原点的、相互垂直的坐标轴构成，如图 4.18 所示。其中，水平方向的坐标轴为 X 轴，以向右为其正方向；垂直方向的坐标轴为 Y 轴，以向上为其正方向。

极坐标系是由一个极点和一个极轴构成极轴的方向为水平向右，如图 4.19 所示。平面上任何一点 P 都可以由该点到极点的连线长度 L（>0）和极角 α（连线与极轴的交角，逆时针方向为正，顺时针方向为负）所定义，即用一对坐标值（$L<\alpha$）来定义一个点，其中"<"表示角度。例如：某点的极坐标为（10<30）。

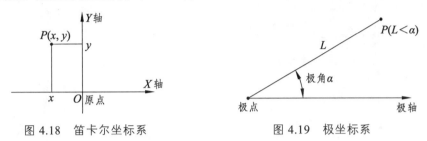

图 4.18　笛卡尔坐标系　　　　　图 4.19　极坐标系

（4）相对坐标。

在某些情况下，需要直接通过点与点之间的相对位置来绘制图形，而不指定每个点的绝对坐标。为此，AutoCAD 提供了使用相对坐标的办法。所谓相对坐标，就是某点与相对点的相对位移值，在 AutoCAD 中用符号"@"标识。使用相对坐标时可以使用笛卡儿坐标，也可以使用极坐标，根据具体情况而定。例如，某一直线的起点坐标为（2，3）、终点坐标为（4，5），则终点相对于起点的相对坐标为（@2，2），见图 4.20。基点极坐标为（5<30），另一点极坐标为（7.3<48.35），用相对极坐标表示应为（@3<80），见图 4.21。

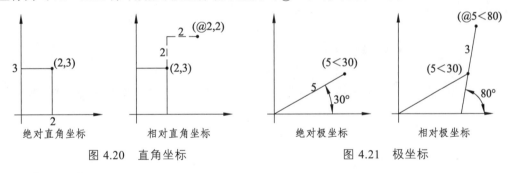

图 4.20　直角坐标　　　　　　　图 4.21　极坐标

2. 命令行窗口

"命令行窗口"位于绘图区的下方，是通过键盘输入命令和参数的地方，可以将其放大、缩小或改变状态，如图 4.22 所示。通过在命令行窗口输入相应的操作命令，按 Enter 键后系统即执行该命令。

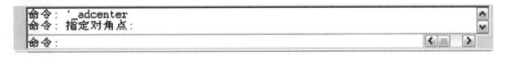

图 4.22　命令行窗口

3. 文本窗口

文本窗口是记录 AutoCAD 命令操作的窗口，也可以说是放大的命令行窗口。可通过按 F2 键或单击"视图"→"显示"→"文本窗口"菜单命令，调出"AutoCAD 文本窗口"，如

图 4.23 所示。

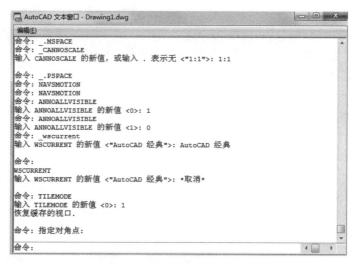

图 4.23　AutoCAD 文本窗口

4. 状态栏

"状态栏"左边主要用于显示当前光标的坐标；中间显示光标的"捕捉"模式、"栅格"模式、"正交"模式，以及当前图形所在空间等状态；右侧为"注释比例""性能调节器""锁定"和"全屏显示"等按钮，如图 4.24 所示。当状态栏中的某功能按钮呈按下状态时，表示此功能为打开状态。

图 4.24　状态栏

4.2.7　切换工作空间

（1）单击"开始"按钮，在打开的菜单中选择【所有程序】→【Autodesk】→【AutoCAD-Simplified Chinese】→【AutoCAD】菜单命令，启动 AutoCAD。

（2）启动 AutoCAD 后，将出现 AutoCAD 工作界面，主要由标题栏、菜单栏、工具栏、选项板、绘图区、十字光标、命令行和状态栏等部分组成，其中绘图区为窗口中间空白的区域。

（3）在"工作空间"工具栏中单击其下拉按钮，在打开的列表中选择"AutoCAD 经典"选项。

（4）将工作空间切换为 AutoCAD 经典，单击工具选项板上的"关闭"按钮。

（5）将工作空间进行切换，关闭工具选项板所有选项后的效果如图 4.25 所示。

图 4.25　切换工作空间

4.2.8　设置工作界面

（1）在工具栏中任意位置单击鼠标右键，在弹出的快捷菜单中选择"标注"选项。

（2）将鼠标移动到"标注"工具栏的标题栏上，按住鼠标左键不放，将鼠标移动到绘图区底部，释放鼠标左键，将标注工具栏移动到绘图区底部。

（3）在任意工具栏上单击鼠标右键，在弹出的快捷菜单中选择"查询"选项，调用"查询"工具栏，并将其呈浮动状态。

（4）单击"状态栏"的按钮，在打开的快捷菜单中选择"浮动工具栏"选项，将"查询"工具栏进行锁定。

（5）将鼠标移动到绘图区与命令行之间，当光标呈上下箭头时，按住鼠标左键不放，向上移动鼠标，增加命令行的显示行数。

（6）单击"状态栏"的"状态行菜单"按钮，在打开的快捷菜单中选择"捕捉"选项，取消该选项在状态栏的显示。

（7）使用相同的方法，取消"栅格""动态（UCS）""动态输入""注释比例""注释可见性""自动缩放"和"全屏显示"，以及"光标坐标值"选项的显示。

4.2.9　设置鼠标右键等功能

（1）选择"工具-选项"菜单命令，打开"选项"对话框。

（2）单击"显示"选项卡，在"十字光标大小"栏的文本框中输入 50，指定十字光标的大小。

（3）单击"窗口元素"栏的"颜色"按钮，打开"图形窗口颜色"对话框，在"颜色"选项的下拉列表中选择"蓝"选项。

（4）单击"应用并关闭"按钮，返回"选项"对话框，在该对话框中单击"用户系统配置"选项卡。

（5）在"Windows 标准操作"栏中单击"自定义右键单击"按钮，打开"自定义右键单击"对话框。

（6）在"命令模式"栏中选中"确认"单选项，单击"应用并关闭"按钮，返回"选项"对话框。

（7）在"选项"对话框中单击"确定"按钮，关闭"选项"对话框，完成设置。

4.3　AutoCAD 绘图设置

4.3.1　绘图界限的设置

图纸的大小反映到 AutoCAD 中，就是绘图的界限，绘图界限的设置应与选定图纸的大小相对应。由于图形绘制时采用 1∶1 的比例，所以需按照图形的实际尺寸对图纸进行相应调整。

在 AutoCAD 中模型空间是无限大的，设置绘图界限，规定一个范围，可使所绘制的图形始终处于这一范围内，避免在输出打印时出错。

例如，选用 A3 图纸（横放），并以毫米为单位，那么图形界限的宽度就应定义为 420，高度为 297。

设置图形界限的方法：

（1）单击"格式"→"图形界限"菜单命令或在命令行窗口输入"LIMITS"，系统提示重新设置模型空间界限，在命令行窗口输入左下角的坐标值（默认即可），然后输入图形界限右上角的坐标值即可。

命令行窗口提示操作步骤如下：

命令：_LIMITS 重新设置模型空间界限：

指定左下角点或[开（ON）/关（OFF）]<0.0, 0.0>：ON （输入开选项）

命令：_LIMITS 重新设置模型空间界限：

指定左下角点或[开（ON）/关（OFF）]<0.0, 0.0>：（输入图形边界左下角点）

指定右上角点<11.0, 9.0>420, 297 （输入图形边界右上角点）

（2）在"指定左下角点或[开（ON）/关（OFF）]<0.0, 0.0>："提示的情况下输入"ON"，打开绘图界限控制，不允许绘制的图形超出设置的界限。输入"OFF"，关闭绘图界限，所绘制的图形不受图形界限的影响。

4.3.2 图形显示

1. 缩放（ZOOM）图形显示

菜单：视图→缩放→由级联菜单列出各选项。

命令：ZOOM（Z）。

按钮：

命令：ZOOM

指定窗口角点，输入比例因子 （nX 或 nXP），或

[全部（A）/中心点（C）/动态（D）/范围（E）/上一个（P）/比例（S）/窗口（W）]<实时>：

选项说明：

实时：光标变成放大镜符号，此时按住鼠标左键向上拖动光标，图形放大。反之，向下拖动光标，图形缩小。

全部（A）：以图形界限为边界，将图形的全部对象显示在屏幕。若图形超出图形界限，则仍显示全部图形，但此时是以图形范围为边界。

中心点（C）：首先在图形上指定一点，作为缩放的中心点，然后输入比例系数。若输入的系数是一个数值，则表示屏幕所能显示的范围大小，数值越大，范围越小；若输入的系数是一个数值后有 X，则表示是当前图形的缩放比例。

动态（D）：动态的缩放图形。进入动态后，屏幕上将有不同大小和颜色的矩形框，其中有一个"×"的黑色线框表示可以移动图形到另一个位置。当点击鼠标左键后，"×"变为"→"，拖动鼠标，可调整黑色线框的大小。线框越大，显示的图形越小，反之亦然，回车结束命令。

2. 移动（PAN）图形显示

（1）功能。

在保证图形大小不变的前提下，可以平行移动图形。

（2）调用。

菜单：视图→平移→由级联菜单列出常用的选项。

命令：Pan。

3. 鸟瞰视图（AERIL VIEW）

调用：菜　单：视图→鸟瞰视图。

命令：Dsviewer。

执行 Dsviewer 命令后，系统打开鸟瞰视图，如图 4.26 所示。

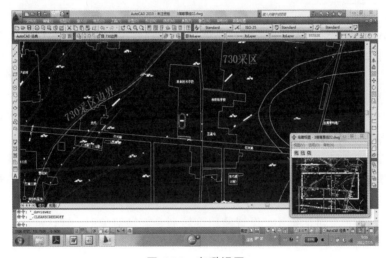

图 4.26　鸟瞰视图

例 4.1　设置绘图界限：宽 420、高 297，并通过栅格显示该界限。

命令：limits

重新设置模型空间界限：

指定左下角点或 [开（ON）/关（OFF）] <0.0000，0.0000>：

指定右上角点 <420.0000，297.0000>：

一般立即执行 ZOOM A 命令使整个界限显示在屏幕上。

命令：ZOOM

指定窗口的角点，输入比例因子 （nX 或 nXP），或

[全部（A）/中心（C）/动态（D）/范围（E）/上一个（P）/比例（S）/窗口（W）/对象（O）] <实时>：A

正在重新生成模型。

命令：“F7”键<栅格 开>

显示界限。图 4.27 所示该栅格的尺寸为 420 × 297。

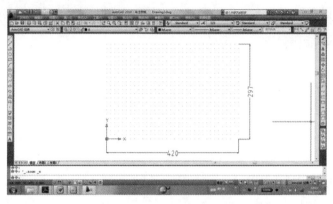

图 4.27　设置绘图界限

4.3.3　设置绘图单位

在 AutoCAD 中，长度单位的类型包括建筑、小数、工程、分数和科学 5 种。我国工程界普遍采用“小数”作为绘图单位。在 AutoCAD 中，角度单位的类型包括十进制度数、度/分/秒、百分度、弧度和勘测单位 5 种，我国工程界普遍采用“十进制度数”作为绘图单位。

（1）打开 AutoCAD 绘制图纸边框，单击“格式-单位”菜单命令，调出“图形单位”对话框。在该对话框的“长度”区域设置“类型”为小数、“精度”为 0，确定长度单位为公制十进制，数值精度为小数点后的零位，如图 4.28 所示。

（2）在“角度”区域设置角度的“类型”为十进制度数、“精度”为 0，确定角度单位为度，数值精度为小数点后的 0 位，如图 4.28 所示。然后，单击“方向”按钮，调出“方向控制”对话框。

（3）在“方向控制”对话框中，设置使用旋转命令旋转对象时，默认的旋转方向如图 4.29 所示。然后，单击“确定”按钮，关闭该对话框并返回“图形单位”对话框，完成方向控制的设置。

（4）在“图形单位”对话框中单击“确定”按钮，完成绘图单位的设置。

图 4.28　图形单位对话框

图 4.29　方向控制对话框

4.3.4　图层设置

1. 图层的概念

图层是 AutoCAD 提供的管理图形对象的工具。在绘制机械、建筑等工程图时，需要使用不同的颜色、不同的线型、不同的线宽来区分不同的图形对象并对它们何时显现加以控制，可以把同颜色、同线型、同线宽的图形对象绘制在一张"透明纸"上，完整的图形就是多张"透明纸"的叠加。AutoCAD 定义这些"透明纸"为图层，如图 4.30 所示。

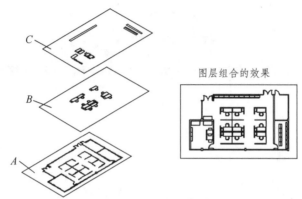

图 4.30　图层示意图

2. 图层的特点

（1）每一图层均对应有图层名。图层名由用户定义而成，其名称可由汉字、数字、字母及符号（不包括*和？）组成，但系统默认的"0"层除外。

（2）各图层具有同一坐标系，同一颜色、同一线型、同一线宽等特性。新建图层自动继承上一层的所有特性，但可以进行修改。

（3）当前作图的图层称为当前层。当前层的颜色、线型等特性采用图层设置的特性，称为随层（Bylayer）方式。

（4）应用图层在工程设计和图形绘制中具有实际意义。例如：在建筑制图中，可以把墙线、门窗、尺寸标注、文字标注布置在不同的图层上，把所有层叠加在一起，就是完整的一张建筑图。当某一层需要修改时，只须对此层进行处理，而不会影响其他层。

3. 图层的调用

（1）单击"格式-图层"菜单命令，或单击图层工具栏中的"图层特性管理器"按钮 ，调出"图层特性管理器"对话框，定义图层，规范绘图颜色和线型，以方便绘图。

（2）在对话框中单击"新建图层"按钮 ，新建一个图层，然后在新建图层的"名称"列中输入该图层的名称为"墙线"，如图 4.31 所示。

（3）单击"墙线"图层的"线宽"列，调出"线宽"对话框。在该对话框中选择 0.3 毫米的线宽，如图 4.32 所示。然后单击"确定"按钮，关闭线宽对话框并返回到"图层特性管理器"对话框中，完成墙线层的设置。

（4）在"图层特性管理器"对话框中，单击"新建图层"按钮 ，再新建一个图层。将该图层命名为"轴线"。单击"轴线"图层的"颜色"列，调出"选择颜色"对话框。在该对话框中选择"红色",如图 4.33 所示。然后单击"确定"按钮,关闭选择颜色对话框并返回到"图层特性管理器"对话框中,完成图层颜色的设置。

(5)在"图层特性管理器"对话框中,单击"轴线"图层的"线型"列,调出"选择线型"对话框,如图 4.34 所示。在该对话框中单击"加载"按钮,调出"加载或重载线型"对话框。

(6)在"加载或重载线型"对话框中单击选择 DASHDOT 线型,如图 4.35 所示。然后单击"确定"按钮,关闭加载或重载线型对话框并返回到"选择线型"对话框中。

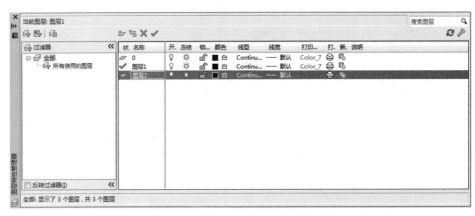

图 4.31　"图层特性管理器"对话框

图 4.32　线宽对话框

图 4.33　选择颜色对话框

(7)在"选择线型"对话框中选中 DASHDOT 线型,如图 4.34 所示。然后单击"确定"按钮,关闭选择线型对话框并返回到"图层特性管理器"对话框中,再将该图层的线宽设置为 0.15 毫米,完成轴线的设置。

图 4.34　选择线型对话框

图 4.35　加载或重载线型对话框

（8）以同样的方法定义其他图层，定义好的图层效果如图 4.36 所示。然后，单击"确定"按钮，关闭"图层特性管理器"对话框。

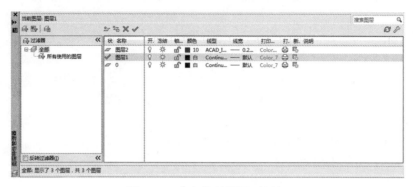

图 4.36 定义好的图层对话框

4.3.5 设置文字样式

根据 AutoCAD 制图的实际情况，需要为字母和数字单独指定一种字体，为文字指定另一种字体，根据输入的内容分别选用不同的字体。

设置文字样式操作步骤：

（1）单击"格式-文字样式"菜单命令，调出"文字样式"对话框，如图 4.37 所示。在该对话框中单击"新建"按钮，调出"新建文字样式"对话框。

（2）在"新建文字样式"对话框的"样式名"文本框中，输入新建样式的名称为"文字"，如图 4.38 所示。然后单击"确定"按钮，关闭"新建文字样式"对话框并返回到"文字样式"对话框中。

（3）在"文字样式"对话框的"字体名"下拉列表框中选择"T 宋体"字体，在"高度"数文本框中输入文字的高度为 5，在"宽度"文本框中输入文字的宽度为 0.7，然后单击"应用"按钮，将设置的文字样式保存。

图 4.37 文字样式对话框

图 4.38 新建文字样式对话框

（4）在"文字样式"对话框中再次单击"新建"按钮，调出"新建文字样式"对话框。在该对话框的"样式名"文本框中输入新建样式的名称为"数字"，如图 4.39 所示。然后单击"确定"按钮，关闭新建文字样式对话框并返回到"文字样式"对话框中。

（5）在"文字样式"对话框的"字体名"下拉列表框中选择 Times Now Roman 字体，在

"高度"文本框中输入文字的高度为 5，在"宽度"文本框中输入文字的宽度为 0.7，如图 4.40 所示。然后，单击"应用"按钮，将设置文字样式保存。

图 4.39　新建数字样式　　　　　　　　图 4.40　设置数字样式

（6）对 AutoCAD 默认的 Standard 字体进行设置，以标注其他无法应用以上两种设置标注的图形或符号。在"样式"下拉列表框中选择"常规"样式，在"字体"下拉列表框中选择 ravie 字体，选中"使用大字体"复选框；在"高度"文本框中输入文字的高度为 5，在"宽度因子"文本框中输入文字的宽度为 0.7，如图 4.41 所示。然后单击"应用"按钮，将设置的文字样式保存。

（7）单击"关闭"按钮，关闭"文字样式"对话框，完成文字样式的设置。

图 4.41　设置 Standard 样式

4.3.6　精确绘图模式设置

1. 栅格、捕捉与正交

在 AutoCAD 中，可以用输入坐标的方式来绘图，但是这种方式又往往容易出现计算失误。因此，可以利用 AutoCAD 提供的正交捕捉图、光标捕捉模式等绘图辅助功能来实现图形位置的快速定位。

绘图辅助功能按钮位于 AutoCAD 绘图窗口底部的状态栏中，当某功能按钮呈按下状态，表示此功能为打开状态。

（1）设置栅格。

单击状态栏中的"栅格"按钮，或按下 F7 键，即可打开或关闭栅格。栅格主要采用显示一些标定位置的小点，从而给绘图提供直观的距离和位置参照，如图 4.42 所示。

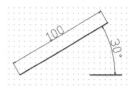

图 4.42　显示栅格

设置栅格时，栅格间距不要太小，否则将导致图形模糊及屏幕重画太慢，甚至无法显示栅格。用于设置栅格显示及间距的命令是 GRID。在命令行窗口输入 GRID 命令，按"Enter"键确认，即可执行 GRID 命令，此时的命令行窗口如图 4.43 所示。

```
命令：
命令：GRID
指定栅格间距(X) 或 [开(ON)/关(OFF)/捕捉(S)/主(M)/自适应(D)/界限(L)/跟随(F)/纵横向间距(A)] <10.0000>：
```

图 4.43　执行 GRID 命令的命令行窗口

各选项意义：

指定栅格间距（X）：默认选项，用于设置栅格间距，如其后跟 X，则用捕捉增量（它控制光标移动间隔）的倍数来设置栅格。

开（ON）：打开栅格显示。

关（OFF）：关闭栅格显示。

捕捉（S）：设置显示栅格间距，等于捕捉间距。

纵横向间距（A）：设置显示栅格水平及垂直间距，用于设定不规则栅格。

（2）设置捕捉。

捕捉用于设定光标移动间距。在 AutoCAD 中，有栅格捕捉和极轴捕捉两种。若选择栅格捕捉，则光标只能在栅格方向上精确移动；若选择极轴捕捉，则光标可在极轴方向精确移动。

可以通过单击状态栏中的"捕捉"按钮或按下 F9 键，即可打开或关闭捕捉。用于设置捕捉的命令是 SNAP，在命令行窗口输入 SNAP 按"Enter"键确认，即可执行 SNAP 命令，此时的命令行窗口如图 4.44 所示。

```
指定栅格间距(X) 或 [开(ON)/关(OFF)/捕捉(S)/主(M)/自适应(D)/界限(L)/跟随(F)/纵横向间距(A)] <10.0000>：
命令：SNAP
指定捕捉间距或 [开(ON)/关(OFF)/纵横向间距(A)/样式(S)/类型(T)] <10.0000>：
```

图 4.44　执行 SNAP 命令的命令行窗口

各选项意义：

指定捕捉间距（X）：默认选项，用于设置捕捉间距。

开（ON）：打开栅格捕捉。

关（OFF）：关闭栅格捕捉。

纵横向间距（A）：设置栅格捕捉水平及垂直间距，用于设定不规则捕捉。

旋转（R）：提示指定一个角度和基点，可绕该点旋转捕捉方向（由十字光标指示）。

样式（S）：提示选定标准（S）或等轴测（I）捕捉。其中，"标准"样式设置通常的捕捉格式，"等轴测"模式用于绘制轴测图。

类型（T）：用于设置捕捉类型。

（3）利用"草图设置"对话框，设置捕捉与栅格。

单击"工具"→"草图设置"菜单命令,调出"草图设置"对话框。在该对话框中单击"捕捉与栅格"标签,打开"捕捉与栅格"选项卡的设置内容,如图 4.45 所示。在该选项卡中即可对捕捉和栅格的选项进行设置。其中"极轴捕捉"单选钮,用于设置捕捉模式为极轴捕捉,此时可利用"极轴距离"编辑框设置极轴捕捉间距。

图 4.45 捕捉和栅格选项卡

(4)正交。

"正交"按钮按下时,用于绘制完全垂直或平行的线,或相互垂直和平行的线。利用 SNAP 中的"旋转"选项,可将图形中的捕捉及栅格旋转。这种旋转将影响栅格和正交模式,但不影响 UCS 的原点和方向。如果正交方式是打开的,则只能沿栅格方向绘制图形,而不再是坐标方向。

2. 对象捕捉

(1)对象捕捉概述。

AutoCAD 提供了一组称为对象捕捉的工具。为了明白对象捕捉,必须记住直线有中点和端点,圆有中心和象限点,在制图的时候,经常要把直线连接到这些点上。

AutoCAD 的对象捕捉是选择图形连接点的几何过滤器,它辅助选取指定点(如交点、垂足等)。例如,想用两条直线的交点,则可设置对象捕捉为交点模式,拾取靠近交点的一个点,系统自动捕捉直线的准确交点。

(2)对象捕捉模式详解。

单击"工具"→"草图设置"菜单命令,调出"草图设置"对话框。在该对话框中单击"对象捕捉"标签,打开"对象捕捉"选项卡的设置内容。在该选项卡中单击选中某捕捉选项的复选框,即可以该模式捕捉对象。捕捉对象可同时选中多个捕捉选项,如图 4.46 所示。例如,选中"端点"复选框,在绘图时按下"对象捕捉"按钮,即可对某一对象的端点进行捕捉,如图 4.47 所示。

下面简要介绍各捕捉模式的特点。

端点:用于捕捉直线、圆弧或多段线段的离拾取点最近的端点,以及离拾取点最近的填充直线、填充多边形或 3D 面的封闭角点。

中点:用于捕捉直线、多段线段或圆弧的中点。

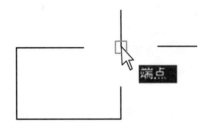

图 4.46　草图设置（对象捕捉）对话框　　　　图 4.47　对端点进行捕捉

圆心：用于捕捉圆弧、圆或椭圆的中心。

节点：用于捕捉点对象，包括尺寸的定义点。

象限点：用于捕捉圆弧、圆或椭圆上 0°，90°，180°或 270°处的点。

交点：用于捕捉直线、圆弧、圆、多段线和另一直线、多段线、圆弧或圆的任何组合的最近的交点。如果第一次拾取时选择了一个对象，AutoCAD 提示输入第二个对象，捕捉的是两个对象真实的或延伸的交点。该捕捉模式不能和捕捉外观交点模式同时有效。

延伸：用于捕捉延伸点。即当光标移出对象的端点时，系统将显示沿对象轨迹延伸出来的虚拟点。

插入点：用于捕捉插入图形文件中的文字、属性和符号（块或形）的原点。

垂足：用于捕捉直线、圆弧、圆、椭圆或多段线上一点（对于我们拾取的对象）。该点从最后一点到我们拾取的对象形成一条正交（垂直）线。结果点不一定在对象上。

切点：用于捕捉与圆、椭圆或圆弧相切的切点。该点从最后一点到拾取的圆、椭圆或圆弧形成一条切线。

最近点：用于捕捉对象上最近的点，一般是端点、垂点或交点。

外观交点：该选项与捕捉交点相同，只是它还可以捕捉 3D 空间中两个对象的视图交点（这两个对象实际上不一定相交，但看上去相交）。在 2D 空间中，捕捉外观交点和捕捉交点模式是等效的。

平行：用于捕捉与选定点平行的点。

对象捕捉快捷菜单见图 4.48。

3. 使用对象自动追踪

图 4.48　对象捕捉快捷菜单

当同时打开对象捕捉和对象捕捉追踪后，如果光标靠近某个捕捉点，系统将在该捕捉点与光标当前位置之间拉出一条辅助线，并说明该辅助线与 X 轴正向之间的夹角。沿着该辅助线拖曳光标，即可精确定位点，这种技术被称为对象自动追踪。

对象自动追踪包含两种追踪选项：极轴追踪和对象追踪。可以通过单击状态栏中的"极轴"或"对象追踪"按钮，将它打开或关闭。对象捕捉追踪应与对象捕捉配合使用，也就是说，从对象的捕捉点开始追踪之前，必须首先设置对象捕捉。

（1）极轴追踪与捕捉。

使用极轴追踪时，对齐路径由相对于起点和端点的极轴角定义，如图 4.49 所示。要打开或关闭极轴追踪，可单击状态栏上的"极轴"按钮或按 F10 键。

（2）设置极轴角。

所谓极轴角是指极轴与 X 轴或前面绘制对象的夹角。设置极轴角可在"草图设置"对话框的"极轴追踪"选项卡中完成，如图 4.50 所示。在该选项卡中，与极轴追踪相关设置项的意义如下。

"启用极轴追踪"复选框：通过选中或取消该复选框，可打开或关闭极轴追踪模式。

"增量角"下拉列表框：该下拉列表框，用于选择极轴角的递增角度。默认情况下，增量角为 90°。因此，系统只能沿 X 轴或 Y 轴方向进行追踪。如果将增量角设置为 10°，则在确定起点后，可沿 0°，10°，20°，30°等方向进行追踪。

"附加角"复选框：通过设置附加角，可沿某些特殊方向进行追踪。例如，希望沿 15°方向进行追踪，则可在选中"附加角"复选框后，单击"新建"按钮，添加 15 作为附加角，如图 4.50 所示。

"极轴角测量"区域：定义极轴角测量的方式后，单击选中"绝对"单选钮，表示以当前 UCS 的 X 轴为基准计算极轴角；如果单击"相对于上一段"单选钮，表示以最后创建的对象为基准计算极轴角。

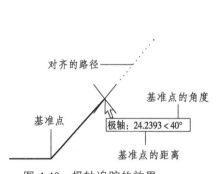

图 4.49　极轴追踪的效果

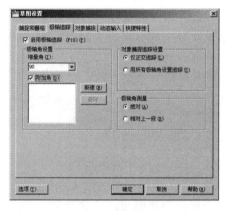

图 4.50　草图设置（极轴追踪）对话框

（3）对象追踪。

对象追踪在使用前要设置并使用捕捉，主要用于显示追踪到的捕捉模式。要设置对象追踪的方向，可在"草图设置"对话框的"极轴追踪"选项卡中，选中"对象捕捉追踪设置"栏的"仅正交追踪"或"用所有极轴角设置追踪"单选项。

4.3.7　其他选项设置

1. 显示选项

"显示"选项卡可以设定 AutoCAD 在显示器上的显示状态，如图 4.51 所示。

图 4.51　"显示"选项卡

（1）窗口元素。

① 图形窗口中显示滚动条：在绘图区的右侧和下方显示滚动条，可以通过滚动条来显示不同的部分。

② 显示屏幕菜单：确定是否显示屏幕菜单。

③ 命令行窗口中显示的文字行数：设置命令行显示的文字行数。

④ 颜色：设置屏幕上各个区域的颜色。

⑤ 字体：设置屏幕上各个区域的字体。

（2）显示精度。

圆弧和圆的平滑度：相当于 VIEWRES 命令设定值，数值越大显示越平滑。

（3）布局元素。

显示布局和模型选项卡：在绘图区下方显示布局和模型选项卡。

（4）显示性能。

① 应用实体填充：相当于 FILL 命令。

② 仅显示文字边框：相当于 QTEXT 命令。

（5）十字光标大小。

该区设置十字光标的相对屏幕大小。默认为 5%，当设定成 100% 时将看不到光标的端点。

（6）淡入度控制。

淡入度控制分别控制外部参照显示及在位编辑和注释性表示的淡入度。

2. 打开和保存选项

"打开和保存"选项卡控制了打开和保存的一些设置，如图 4.52 所示。

（1）文件保存。

① 另存为：设置保存的格式。

② 缩略图预览设置：保存时同时保存缩微预览图像。保存了缩微预览图像，在打开时可以预览图形的内容。

③ 增量保存百分比：设置潜在图形浪费空间的百分比。当该部分用光时，会自动执行一次全部保存。该值为 0，则每次均执行全部保存；设置数值小于 20 时，会明显影响速度，默认值为 50。

图 4.52 "打开和保存"选项卡

（2）文件安全措施。

① 自动保存：设置是否允许自动保存。设置了自动保存，按指定的时间间隔自动执行存盘操作，避免由于意外造成过大的损失。

② 保存间隔分钟数：设置保存间隔分钟数。

③ 每次保存时均创建备份副本：保存时同时创建备份文件，备份文件和图形文件一样，只是扩展名为（.BAK）。

④ 总是进行 CRC 校验：设置保存是否进行 CRC 校验。设置成进行 CRC 校验有利于保证文件的正确性。

⑤ 维护日志文件：设置是否进行维护日志记录。

⑥ 临时文件扩展名：设置临时文件的扩展名。默认的是 ac$。

（3）文件打开。

① 最近使用的文件数：设置列出最近打开文件的数目。

② 在标题中显示完整、路径：设置是否在标题栏中显示完整的路径。

（4）应用程序菜单。

设置最后使用的文件数。

（5）外部参照。

控制与编辑和加载外部参照有关的设置。

（6）ObjectARX 应用程序。

控制应用程序的加载及代理图形的有关设置。

3. 系统选项

"系统"选项卡可以设置诸如是否"允许长符号名"、是否在"用户输入错误时进行声音提示"、是否"在图形文件中保存链接索引"、设置三维性能、指定当前系统定点设备等，如图 4.53 所示。

图 4.53　系统选项

4. DWT 样板图

样板图是十分重要的减少不必要重复劳动的工具之一，它可以将各种常用的设置，如图层（包括颜色、线型、线宽）、文字样式、图形界限、单位、尺寸标注样式、输出布局等作为样板保存。在进入新的图形绘制时如采用样板，则样板图中的设置全部可以使用，无须重新设置。

第 5 章 AutoCAD 基本绘图命令

5.1 绘制直线（LINE）

使用 LINE 命令，可以创建一系列连续的直线段。每条线段都是可以单独进行编辑的直线对象。

（1）命令：LINE 或 L。

（2）功能区：常用→绘图 D→直线 L。

（3）菜单：绘图 D→直线 L。

（4）工具栏：绘图→直线。

（5）命令及提示：

命令：_line

指定第一点：

指定下一点或 [放弃（U）]：

指定下一点或 [放弃（U）]：

指定下一点或 [闭合（C）/放弃（U）]：

（6）参数：

① 指定第一点：定义直线的第一点。如果以回车响应，则为连续绘制方式。该段直线的第一点为上一个直线或圆弧的终点。

② 指定下一点：定义直线的下一个端点。

③ 放弃（U）：放弃刚绘制的一段直线。

④ 闭合（C）：封闭直线段使之首尾相连成封闭多边形。

例 5.1 绘制一个边长为 100 的正方形，如图 5.1 所示。

命令：_line 指定第一点：

指定下一点或 [放弃（U）]：100

指定下一点或 [放弃（U）]：100

指定下一点或 [闭合（C）/放弃（U）]：100

指定下一点或 [闭合（C）/放弃（U）]：100

指定下一点或 [闭合（C）/放弃（U）]：u

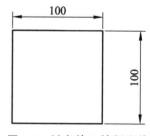

图 5.1 键盘输入绘制直线

5.2 绘制构造线（XLINE）

构造线（参照线）是指创建无限长的直线。可以使用无限延伸的线（例如构造线）来创建构造线或参考线，并且其可用于修剪边界。构造线的作用：① 可创建 X 轴 Y 轴的构造线。② 创建一条通过选定点的水平参照线。③ 以指定的角度创建一条参照线。④ 创建一条参照线，它经过选定的角顶点，并且将选定的两条线之间的夹角平分。⑤ 创建平行于另一个对象的参照线。

（1）命令：XLINE。

（2）功能区：常用→绘图（D）→构造线（T）。

（3）菜单：绘图→构造线。

（4）工具栏：绘图→构造线。

（5）命令及提示：

命令：_xline

指定点或 [水平（H）/垂直（V）/角度（A）/二等分（B）/偏移（O）]：

（6）参数：

① 水平（H）：绘制水平参照线，随后指定的点为该水平线的通过点。

② 垂直（V）：绘制垂直参照线，随后指定的点为该垂直线的通过点。

③ 角度（A）：指定参照线角度，随后指定的点为该线的通过点。

④ 偏移（O）：复制现有的参照线，指定偏移通过点。

⑤ 二等分（B）：以参照线绘制指定角的平分线。

例 5.2　如图 5.2 所示，利用构造线命令绘制角 ABC 的平分线。

命令：_xline 指定点或[水平（H）/垂直（V）/角度（A）/二等分（B）/偏移（O）]：B

指定角的顶点：

指定角的起点：

指定角的端点：

图 5.2　角 ABC 的平分线

5.3　绘制射线（RAY）

射线是创建始于一点并无限延伸的直线，一般用作辅助线，如图 5.3 所示。

（1）命令：RAY。

（2）功能区：常用→绘图（D）→射线（R）。

（3）菜单：绘图→射线。

（4）命令及提示：

命令：_ray

（5）参数：

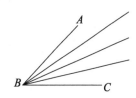

图 5.3　角 ABC 内的射线

指定起点：指定点①。

指定通过点：指定射线要通过的点②。

① 指定起点：输入射线起点。

② 指定通过点：输入射线通过点。连续绘制射线则指定通过点，起点不变。输入回车或空格键退出射线绘制。

例 5.3　如图 5.3 所示，利用射线命令绘制角 ABC 内的射线。

选择对象：

命令：ray

指定起点：

指定通过点：<正交 关>

指定通过点：

指定通过点：

指定通过点：

5.4 绘制多段线（PLINE）

多段线是由一系列具有宽度性质的直线段或圆弧段组成的单一实体，二维多段线是作为单个平面对象创建的相互连接的线段序列。可以创建直线段、圆弧段或两者的组合线段。

（1）命令：PLINE。

（2）功能区：常用→绘图 D→多段线 P。

（3）菜单：绘图→多段线。

（4）工具栏：绘图→多段线。

（5）命令及提示：

命令：_pline

指定起点：

当前线宽为 0.0000

指定下一个点或 [圆弧（A）/半宽（H）/长度（L）/放弃（U）/宽度（W）]：

指定下一点或 [圆弧（A）/闭合（C）/半宽（H）/长度（L）/放弃（U）/宽度（W）]：

指定圆弧的端点或

[角度（A）/圆心（CE）/闭合（CL）/方向（D）/半宽（H）/直线（L）/半径（R）/第二个点（S）/放弃（U）/宽度（W）]：

（6）参数：

① 圆弧（A）：绘制圆弧多段线同时提示转换为绘制圆弧的系列参数。

② 端点：输入绘制圆弧的端点。

③ 角度（A）：根据圆弧对应的圆心角来绘制圆弧段。选择该选项后需要在命令行提示下输入圆弧的包含角。圆弧的方向与角度的正负有关，同时也与当前角度的测量方向有关。

④ 圆心（CE）：根据圆弧的圆心位置来绘制圆弧段。选择该选项，需要在命令行提示下指定圆弧的圆心。当确定了圆弧的圆心位置后，可以再指定圆弧的端点、包含角或对应弦长中的一个条件来绘制圆弧。

⑤ 闭合（CL）：根据最后点和多段线的起点为圆弧的两个端点，绘制一个圆弧，以封闭多段线。闭合后，将结束多段线绘制命令。

⑥ 方向（D）：根据起始点处的切线方向来绘制圆弧。选择该选项，可通过输入起始点方向与水平方向的夹角来确定圆弧的起点切向。也可以在命令行提示下确定一点，系统将把圆弧的起点与该点的连线作为圆弧的起点切向。当确定了起点切向后，再确定圆弧另一个端点即可绘制圆弧。

⑦ 直线（L）：转换成直线绘制方式。

⑧ 半径（R）：将多段线命令由绘制圆弧方式切换到绘制直线的方式。

⑨ 第二个点（S）：输入决定圆弧的第二点。

⑩ 放弃（U）：放弃最后绘制的圆弧。

⑪ 宽度（W）：输入多段线的宽度。

⑫ 闭合（C）：将多段线首尾相连封闭图形。

⑬ 半宽（H）：设置圆弧起点的半宽度和终点的半宽度。

⑭ 长度（L）：输入欲绘制的直线的长度，其方向与前一直线相同或与前一圆弧相切。

⑮ 放弃（U）：放弃最后绘制的一段多段线。

⑯ 宽度（W）：输入多段线的宽度。

（注意必须至少指定两个点才能使用"闭合"选项。）

例 5.4 用多段线绘制图 5.4 所示的雨伞，雨伞手把弧度为 40°。

命令：

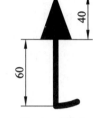

图 5.4 雨伞

PLINE

指定起点：

当前线宽为 40.0000

指定下一个点或 [圆弧（A）/半宽（H）/长度（L）/放弃（U）/宽度（W）]：W

指定起点宽度 <40.0000>：0

指定端点宽度 <0.0000>：40

指定下一个点或 [圆弧（A）/半宽（H）/长度（L）/放弃（U）/宽度（W）]：40 <正交 开>

指定下一点或[圆弧（A）/闭合（C）/半宽（H）/长度（L）/放弃（U）/宽度（W）]：W

指定起点宽度 <40.0000>：5

指定端点宽度 <5.0000>：5

指定下一点或 [圆弧（A）/闭合（C）/半宽（H）/长度（L）/放弃（U）/宽度（W）]：60

指定下一点或 [圆弧（A）/闭合（C）/半宽（H）/长度（L）/放弃（U）/宽度（W）]：A

指定圆弧的端点或

[角度（A）/圆心（CE）/闭合（CL）/方向（D）/半宽（H）/直线（L）/半径（R）/第二个点（S）/放弃（U）/宽度（W）]：A

指定包含角：45

指定圆弧的端点或 [圆心（CE）/半径（R）]：

指定圆弧的端点或

[角度（A）/圆心（CE）/闭合（CL）/方向（D）/半宽（H）/直线（L）/半径（R）/第二个点（S）/放弃（U）/宽度（W）]：

5.5 绘制多线（MLINE）

5.5.1 绘制多线

创建多条平行线，如果用两条或两条以上的线段创建多行，则提示将包含"闭合"选项。

（1）命令：MLINE。

（2）菜单：绘图（D）→多线（U）。

（3）当前设置：对正＝当前对正方式，比例＝当前比例值，样式＝当前样式。

（4）命令及提示：

命令：_mline

指定起点或 [对正（J）/比例（S）/样式（ST）]:

（5）参数：

① 对正（J）：设置基准对正位置，包括以下三种：

a. 上（T）——以多线的外侧线为基准绘制多线。

b. 无（Z）——以多线的中心线为基准，即 0 偏差位置绘制多线。

c. 下（B）——以多线的内侧线为基准绘制多线。

② 比例（S）：设定多线的比例，即两条多线之间的距离大小。

③ 样式（ST）：输入采用的多线样式名，默认为 STANDARD。

④ 放弃（U）：取消最后绘制的一段多线。

例 5.5 按顺时针绘制图 5.5 所示的双线。

命令：mline

当前设置：对正＝上，比例＝20.00，样式＝STANDARD

指定起点或 [对正（J）/比例（S）/样式（ST）]:

指定下一点：<正交 开> 100

指定下一点或 [放弃（U）]: 100

指定下一点或 [闭合（C）/放弃（U）]: 100

指定下一点或 [闭合（C）/放弃（U）]: 100

指定下一点或 [闭合（C）/放弃（U）]:

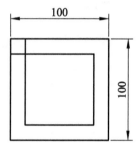

图 5.5 双线正方形

5.5.2 多线样式设置

多线本身有一些特性，如控制元素的数目及每个元素的特性、背景色和每条多线的端点是否封口，可以通过"多线样式"对话框进行设定。设定多线样式的方法如下：

（1）命令：MLSTYLE。

（2）菜单：格式→多线样式。

（3）输入多线样式命令后，弹出如图 5.6 所示"多线样式"对话框，图示了当前多线样式。

（4）在"多线样式"对话框中各项含义如下：

① 当前多线样式：显示当前多线样式的名称，该样式将在后续创建的多线中用到。

② 样式：显示已加载到图形中的多线样式列表。多线样式列表中可以包含外部参照的多线样式。

③ 说明：显示选定多线样式的说明。

④ 预览：显示选定多线样式的名称和图像。

图 5.6 "多线样式"对话框

⑤ 置为当前按钮：选择一种多线样式置为当前，用于后续创建的多线。从"样式"列表中选择一个名称，然后选择"置为当前"。

⑥ 新建按钮：显示"创建新的多线样式"对话框，如图 5.7 所示。输入"新样式名"后，单击继续按钮，弹出图 5.8 所示"修改多线样式"对话框。

在该对话框中相关区域注明如下。

a. 说明：一段有关新建的多线样式的说明。

b. 封口：用不同的形状来控制封口。复选框分别控制起点和终点是否封口。角度：设定封口的角度。

图 5.7　创建新的多线样式　　　　　　图 5.8　"修改多线样式"对话框

c. 填充：设置填充颜色，可以在下拉列表中选择。

d. 显示连接：控制每条多线线段顶点处是否显示连接。接头也称为斜接。

e. 图元：显示组成多线元素的特性，包括相对中心线偏移距离、颜色和线型。

添加按钮：添加线条（如添加一条，则变成三条线的多线）。

删除按钮：删除选定的组成元素。

⑦ 修改按钮：显示"修改多线样式"对话框，从中可以修改选定的多线样式。不能编辑图形中正在使用的任何多线样式的元素和多线特性。要编辑现有多线样式，必须在使用该样式绘制任何多线之前进行。

⑧ 重命名按钮：更改多线名称。不能重命名 STANDARD 多线样式。

⑨ 删除按钮：从"样式"列表中删除选定的多线样式。不能删除 STANDARD 多线样式、当前多线样式或正在使用的多线样式。此操作并不会删除 MLN 文件中的样式。

⑩ 加载按钮：可以从多线线型库中调出多线。点取后弹出图 5.9 所示"加载多线样式"对话框，可以从中选择线型库。

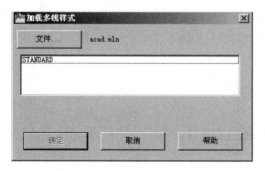

图 5.9　"加载多线样式"对话框

⑪ 保存按钮：打开"保存多线样式"对话框，可以保存自己设定的多线。将多线样式保存或复制到多线库（MLN）文件中。默认文件名是 acad.mln。

5.6 绘制多边形（POLYGON）

此指令可创建等边闭合多段线，在 AutoCAD 中可以精确绘制边数多达 1024 的正多边形。

（1）命令：POLYGON。

（2）功能区：常用→绘图（D）→正多边形（Y）。

（3）菜单：绘图→正多边形。

（4）工具栏：绘图→正多边形。

（5）命令及提示：

命令：_polygon

输入边的数目 <×>：　　　　　输入介于 3 和 1 024 之间的值或按"Enter"键

指定多边形的中心点或 [边（E）]：

输入选项 [内接于圆（I）/外切于圆（C）] <I>：

指定圆的半径：

（6）参数：

① 边的数目：输入正多边形的边数。最大为 1024，最小为 3。

② 中心点：指定绘制的正多边形的中心点。

③ 边（E）：采用输入其中一条边的方式产生正多边形。

④ 内接于圆（I）：绘制的多边形内接于随后定义的圆。

⑤ 外切于圆（C）：绘制的正多边形外切于随后定义的圆。

⑥ 圆的半径：定义内接圆或外切圆的半径。

例 5.6　利用多边形命令画一个六边形，并画出内切圆，如图 5.10 所示。

命令：_polygon 输入边的数目 <4>：6

指定正多边形的中心点或 [边（E）]：

输入选项 [内接于圆（I）/外切于圆（C）] <I>：

指定圆的半径：50

命令：

命令：_circle 指定圆的圆心或 [三点（3P）/两点（2P）/切点、切点、半径（T）]：_3p 指定圆上的第一个点：_tan 到

指定圆上的第二个点：_tan 到

指定圆上的第三个点：_tan 到

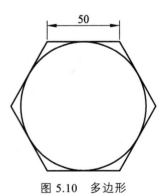

图 5.10　多边形

5.7 绘制矩形（RECTANG）

可通过定义矩形的两个对角点来绘制矩形，同时可以设定其宽度、圆角和倒角等，创建

矩形多段线。

（1）命令：RECTANG。

（2）功能区：常用→绘图（D）→矩形（G）。

（3）菜单：绘图→矩形。

（4）工具栏：绘图→矩形。

（5）命令及提示：

命令：_rectang

指定第一个角点或 [倒角（C）/标高（E）/圆角（F）/厚度（T）/宽度（W）]:

指定另一个角点或 [面积（A）/尺寸（D）/旋转（R）]:

使用此命令，可以指定矩形参数（长度、宽度、旋转角度）并控制角的类型（圆角、倒角或直角）。

（6）参数：

① 指定第一角点：定义矩形的一个顶点。

② 指定另一个角点：定义矩形的另一个顶点。

③ 倒角（C）：设置矩形的倒角距离，绘制带倒角的矩形。

a. 第一倒角距离 ——定义第一倒角距离。

b. 第二倒角距离 ——定义第二倒角距离。

以后执行 RECTANG 命令时此值将成为当前倒角距离。

④ 圆角（F）：绘制带圆角的矩形。

矩形的圆角半径 ——定义圆角半径。

⑤ 宽度（W）：定义矩形的线宽。

⑥ 标高（E）：矩形的高度。

⑦ 厚度（T）：矩形的厚度。

⑧ 面积（A）：根据面积绘制矩形。

a. 输入以当前单位计算的矩形面积 <×・×>。

b. 计算矩形尺寸时依据 [长度（L）/宽度（W）] <长度>: L。

c. 输入矩形长度<x>：根据面积和长度绘制矩形。

d. 计算矩形标注时依据 [长度（L）/宽度（W）] <长度>: W。

e. 输入矩形宽度<x>：根据面积和宽度绘制矩形。

⑨ 尺寸（D）：根据长度和宽度来绘制矩形。

a. 指定矩形的长度 <0.0000> :

b. 指定矩形的宽度 <0.0000>:

⑩ 旋转（R）：通过输入值、指定点或输入 P 并指定两个点来指定角度。

指定旋转角度或 [点（P）] <0>:

例 5.7　绘制图 5.11 所示的带倒角为 5 的矩形。

命令：_rectang

当前矩形模式：倒角=1.0000 x 1.0000　标高=1.0000　宽度=1.0000

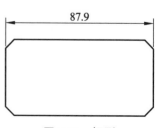

图 5.11　矩形

指定第一个角点或 [倒角（C）/标高（E）/圆角（F）/厚度（T）/宽度（W）]：W

指定矩形的线宽<1.0000>：1

指定第一个角点或 [倒角（C）/标高（E）/圆角（F）/厚度（T）/宽度（W）]：E

指定矩形的标高<1.0000>：100

指定第一个角点或 [倒角（C）/标高（E）/圆角（F）/厚度（T）/宽度（W）]：C

指定矩形的第一个倒角距离<1.0000>：5

指定矩形的第二个倒角距离<1.0000>：5

指定第一个角点或 [倒角（C）/标高（E）/圆角（F）/厚度（T）/宽度（W）]：

指定另一个角点或 [面积（A）/尺寸（D）/旋转（R）]：100

5.8 绘制圆弧（ARC）

圆弧是常见的图素之一。圆弧可通过圆弧命令直接绘制，也可以通过打断圆成圆弧以及倒圆角等方法产生圆弧。下面介绍圆弧命令绘制圆的方法。

（1）命令：ARC。

（2）功能区：常用→绘图（D）→圆弧（A）。

（3）菜单：绘图→圆弧。

（4）工具栏：绘图→圆弧。

共有 11 种不同的定义圆弧的方式，如图 5.12 所示。

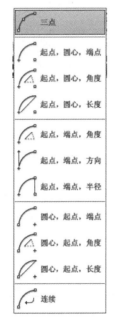

图 5.12　"圆弧"命令子菜单

通过功能区按钮和菜单均可以直接指定圆弧绘制方式。通过命令行则要输入相应参数。通过工具栏按钮绘制圆弧也要输入相应参数，但可以通过自定义界面方式，定制一组按钮以便快速打开各种圆弧绘制按钮。

（5）命令：

_arc

指定圆弧的起点或 [中心（C）]：指定点、输入 C 或按"Enter"键开始绘制上一条直线、圆弧或多段线的切线。

（6）参数：

① 三点：指定圆弧的起点、终点以及圆弧上的任意一点。

② 起点：指定圆弧的起始点。

③ 端点：指定圆弧的端止点。

④ 圆心：指定圆弧的圆心。

⑤ 方向：指定和圆弧起点相切的方向。

⑥ 长度：指定圆弧的弦长。正值绘制小于180°的圆弧，负值绘制大于180°的圆弧。

⑦ 角度：指定圆弧包含的角度。顺时针为负，逆时针为正。

⑧ 半径：指定圆弧的半径。按逆时针绘制，正值绘制小于 180°的圆弧，负值绘制大于180°的圆弧。

在输入 ARC 命令后，出现以下提示：

指定圆弧的起点或[圆心（CE）]：

如果此时点取一点，即输入的是起点，则绘制的方法将局限于以"起点"开始的方法；如果输入 CE，则系统将采用随后的输入点作为圆弧的圆心的绘制方法。

在绘制圆弧必须提供的三个参数中，系统会根据已经提供的参数，提示需要提供的剩下的参数。如在前面绘图中已经输入了圆心和起点，则系统会出现以下的提示：

"指定圆弧的端点或[角度（A）/弦长（L）]："。

常用的 10 种绘制圆弧示例如图 5.13 所示，一般绘制圆弧的选项组合如下。

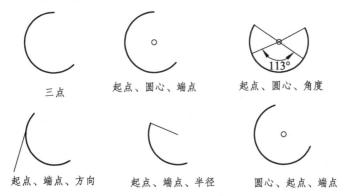

三点　　　　起点、圆心、端点　　　　起点、圆心、角度

起点、端点、方向　　　起点、端点、半径　　　圆心、起点、端点

图 5.13　10 种圆弧绘制示例

a. 三点：通过指定圆弧上的起点、端点和中间任意一点来确定圆弧。

b. 起点、圆心：首先输入圆弧的起点和圆心，其余的参数为端点、角度或弦长。

c. 起点、端点：首先定义圆弧的起点和端点，其余的参数为角度、半径、方向或圆心来绘制圆弧。

d. 圆心、起点：首先输入圆弧的圆心和起点，其余的参数为角度、弦长或端点绘制圆弧。

e. 连续：在开始绘制圆弧时如果不输入点，而是输入回车或空格，则采用连续的圆弧绘制方式。

例 5.8 利用圆弧命令绘制如图 5.14 所示的对称圆弧。

命令：_arc 指定圆弧的起点或 [圆心（C）]：

指定圆弧的第二个点或 [圆心（C）/端点（E）]：

指定圆弧的端点：

选择对象：

指定镜像线的第一点：指定镜像线的第二点：

要删除源对象吗？[是（Y）/否（N）] <N>：

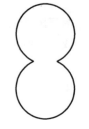

图 5.14　对称圆弧

5.9　绘制圆（CIRCLE）

圆是常见的图素之一。

（1）命令：CIRCLE。

（2）功能区：常用→绘图（D）→圆（C）。

（3）菜单：绘图→圆。

（4）工具栏：绘图→圆。

在功能区和菜单中有 6 种圆的绘制方式，如图 5.15 所示。

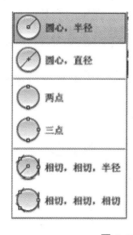

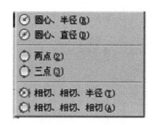

图 5.15　绘制圆的 6 种方式

（5）命令及提示：

命令：_circle

指定圆的圆心或 [三点（3）/两点（2）/相切、相切、半径（T）]：指定点或输入选项

（6）参数：

① 圆心：指定圆的圆心。

② 半径（R）：定义圆的半径。输入值，或指定点。

③ 直径（D）：定义圆的直径。输入值，或指定第二个点。

④ 两点（2）：指定的两点作为圆的一条直径上的两点。

⑤ 三点（3）：指定圆周上的三点定圆。

⑥ 相切、相切、半径（T）：指定与绘制的圆相切的两个元素，再定义圆的半径。半径值必须不小于两元素之间的最短距离。

⑦ TTR（相切、相切、相切）（A）：该方式属于三点（3）中的特殊情况。指定和绘制的圆相切的三个元素。

例5.9　绘制如图 5.16 所示的 4 个圆，圆 1 半径 20，圆 2 半径 10，圆 3 与圆 1 圆 2 相切，半径为 15，圆 4 与圆 1 圆 2 圆 3 均相切。

命令：_circle 指定圆的圆心或 [三点（3P）/两点（2P）/切点、切点、半径（T）]：

指定圆的半径或 [直径（D）] <43.3013>：20

命令：

命令：_circle 指定圆的圆心或 [三点（3P）/两点（2P）/切点、切点、半径（T）]：

指定圆的半径或 [直径（D）] <20.0000>：10

命令：

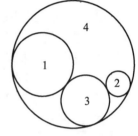

图 5.16　绘制 4 个圆

命令：_circle 指定圆的圆心或 [三点（3P）/两点（2P）/切点、切点、半径（T）]：_TTR

指定对象与圆的第一个切点：

指定对象与圆的第二个切点：

指定圆的半径 <10.0000>：15

命令：

命令：_circle 指定圆的圆心或 [三点（3P）/两点（2P）/切点、切点、半径（T）]：_3P

指定圆上的第一个点：_tan 到

指定圆上的第二个点：_tan 到

指定圆上的第三个点：_tan 到

命令：_u 相切、相切、相切

命令：

命令：_circle 指定圆的圆心或 [三点（3P）/两点（2P）/切点、切点、半径（T）]：_3P

指定圆上的第一个点：_tan 到

指定圆上的第二个点：_tan 到

指定圆上的第三个点：_tan 到

5.10　绘制圆环（DONUT）

圆环是一种可以填充的同心圆，其内经可以为 0，也可以和外径相等。圆环是填充环或实体填充圆，即带有宽度的闭合多段线。

（1）命令：DONUT。

（2）功能区：常用→绘图（D）→圆环（D）。

（3）菜单：绘图→圆环。

（4）命令及提示：

命令：_donut

指定圆环的内径 ＜×× ＞：

指定圆环的外径 ＜×× ＞：

指定圆环的中心点 <退出>：

（5）参数：

① 内径：定义圆环的内圈直径。

② 外径：定义圆环的外圈直径。

③ 中心点：指定圆环的圆心位置。

④ 退出：结束圆环绘制，否则可以连续绘制同样的圆环。

（6）创建圆环的步骤：

① 依次单击绘图（D）→圆环（D）。在命令提示下，输入"donut"。

② 指定内直径 （1）。

③ 指定外直径 （2）。

④ 指定圆环的圆心 （3）。

⑤ 指定另一个圆环的中心点，或者按"Enter"键结束命令。

例 5.10 绘制一个如图 5.17 所示的内圆直径为 50，外圆直径为 100 的圆环。

命令：_donut

指定圆环的内径<0.5000>：50

指定圆环的外径<1.0000>：100

指定圆环的中心点或<退出>：

图 5.17 圆环

5.11 绘制修订云线（REVCLOUD）

可以通过 revcloud 命令绘制云线，用于图纸的批阅、注释、标记等场合。

（1）命令：REVCLOUD。

（2）功能区：常用→绘图（D）→修订云线（V）（注释→标记→修订云线）。

（3）菜单：绘图→修订云线。

（4）工具栏：绘图→修订云线。

（5）命令及提示：

命令：REVCLOUD

最小弧长：0.5000 最大弧长：0.5000

指定起点或 [弧长（A）/对象（O）/样式（S）] <对象>：

沿云线路径引导十字光标...

（6）参数：

① 起点：指定云线开始绘制的端点。

② 弧长（A）：指定云线中弧线的长度。

指定最小弧长<x>——指定最小弧长的值。

指定最大弧长<x>——指定最大弧长的值。

最大弧长不能大于最小弧长的三倍。

③ 对象（O）：指定要转换为云线的对象。选择对象——选择要转换为修订云线的闭合对象。

反转方向 [是（Y）/否（N）]——输入"Y"以反转修订云线中的弧线方向，或按"N"键保留弧线的原样。

④ 样式（S）：指定修订云线的样式。

选择圆弧样式 [普通（N）/手绘（C）]<默认/上一个>——选择修订云线的样式。

例 5.11　绘制图 5.18 所示云线图形。

命令：_revcloud

最小弧长：20　　最大弧长：40　　样式：普通

指定起点或 [弧长（A）/对象（O）/样式（S）]<对象>：A

指定最小弧长<10>：20

指定最大弧长<20>：40

指定起点或 [弧长（A）/对象（O）/样式（S）]<对象>：S

选择圆弧样式 [普通（N）/手绘（C）]<普通>：C

图 5.18　云线图形

圆弧样式 = 手绘

指定起点或 [弧长（A）/对象（O）/样式（S）]<对象>：

沿云线路径引导十字光标，修订云线完成。

5.12　绘制样条曲线（SPLINE）

样条曲线是指被一系列给定点控制（点点通过或逼近）的光滑曲线。（至少三个点才能确定一样条曲线）

（1）命令：SPLINE。

（2）功能区：常用→绘图（D）→样条曲线（S）。

（3）菜单：绘图→样条曲线。

（4）工具栏：绘图→样条曲线。

（5）命令及提示：

命令：_spline

指定第一个点或 [对象（O）]：

指定下一点：

指定下一点或 [闭合（C）/拟合公差（F）]<起点切向>：

例 5.12　如图 5.19 所示，绘制不同拟合公差的样条曲线。

命令：_spline

指定第一个点或 [对象（O）]：

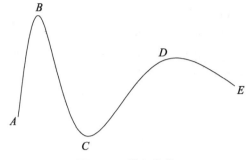

图 5.19 样条曲线

指定下一点：

指定下一点或 [闭合（C）/拟合公差（F）] <起点切向>：

指定下一点或 [闭合（C）/拟合公差（F）] <起点切向>：

指定下一点或 [闭合（C）/拟合公差（F）] <起点切向>：

指定下一点或 [闭合（C）/拟合公差（F）] <起点切向>：

指定起点切向：

指定端点切向：

5.13 绘制徒手线（SKETCH）

即使是在计算机中绘图，同样可以绘制徒手线。AutoCAD 通过记录光标的轨迹来绘制徒手线。采用鼠标可以绘制徒手线，但最好采用数字化仪及光笔。

（1）命令：SKETCH。

（2）命令及提示：

命令：SKETCH

记录增量 <1.0000>：

徒手画。画笔（P）/退出（X）/结束（Q）/记录（R）/删除（E）/连接（C）

<笔 落>

<笔 提>

已记录 ××条直线。

（3）参数：

① 记录增量：控制记录的步长，值越小，记录越精确。

② 画笔（P）：提笔和落笔。在用定点设备选取菜单项前必须提笔。

③ 退出（X）：记录及报告临时徒手画线段数并结束命令。

④ 结束（Q）：放弃从开始调用 SKETCH 命令或上一次使用"记录"选项时所有徒手画临时线段，并结束命令。

⑤ 记录（R）：永久记录临时线段且不改变画笔的位置。用下面的提示报告线段的数量：

⑥ 删除（E）：删除临时线段的所有部分，如果画笔已落下则提起画笔。

⑦ 连接（C）：落笔，继续从上次所画的线段的端点或上次删除的线段的端点开始画线。

例 5.13 如图 5.20 所示，绘制徒手线。

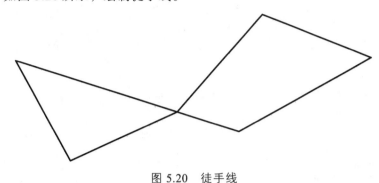

图 5.20 徒手线

命令：sketch

记录增量 <1>： 指定第二点：

徒手画. 画笔（P）/退出（X）/结束（Q）/记录（R）/删除（E）/连接（C）。 <笔 落> <笔 提> <笔 落> <笔 提> <笔 落>

<笔 提> <笔 落> <笔 提> <笔 落> <笔 提> <笔 落> <笔 提>

已记录 8 条直线。

自动保存到 C：\Users\Administrator\appdata\local\temp\ Drawing1_1_33_5724.sv$。

5.14 绘制宽线（TRACE）

可以通过 TRACE 命令绘制具有一定宽度的直线。

（1）命令：TRACE。

（2）命令及提示：

命令：trace

指定宽线宽度<当前>：指定距离或按"Enter"键

指定起点：指定点 （1）

指定下一点：指定点 （2）

指定下一点：指定点 （3） 或按"Enter"键结束命令

（3）参数

① 宽度：定义宽线宽度。

② 起点：定义宽线的起点。

③ 下一点：定义宽线的下一点。

宽线的端点在中心线上，且始终被剪切成方形。TRACE 自动计算连接到邻近线段的合适倒角。指定下一线段或按"Enter"键后，将绘制所有线段。考虑到倒角的处理方法，TRACE 没有放弃选项。

如果填充模式打开，则宽线是实心的。如果填充模式关闭，则只显示宽线的轮廓。

例 5.14 绘制宽度为 5 的宽线，如图 5.21 所示。

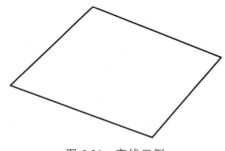

图 5.21　宽线示例

命令：trace

指定宽线宽度<1.0000>：5

指定起点：

指定下一点：

指定下一点：

指定下一点：

指定下一点：

5.15　绘制椭圆和椭圆弧（ELLIPSE）

AutoCAD 中绘制椭圆和椭圆弧比较简单，和绘制正多边形一样，系统自动计算各点数据。绘制椭圆和绘制椭圆弧采用同一个命令，绘制椭圆弧是绘制椭圆的_a 参数，绘制椭圆弧需要增加夹角的两个参数。

椭圆是最常见的曲线之一。

（1）命令：ELLIPSE。

（2）功能区：常用→绘图（D）→椭圆（E）。

（3）菜单：绘图（D）→椭圆（E）→中心点/轴、端点/圆弧。

（4）工具栏：绘图→椭圆、绘图→椭圆弧。

（5）命令及提示：

命令：_ellipse

指定椭圆的轴端点或[圆弧（A）/中心点（C）]：

指定椭圆的中心点：

指定轴的端点：

指定另一条半轴长度或[旋转（R）]：

（6）参数：

① 端点：根据两个端点定义椭圆的第一条轴。第一条轴的角度确定了整个椭圆的角度。第一条轴既可定义椭圆的长轴也可定义短轴。

② 中心点（C）：指定椭圆的中心点。使用中心点、第一个轴的端点和第二个轴的长度来创建椭圆。可以通过单击所需距离处的某个位置或输入长度值来指定距离。

③ 半轴长度：指定半轴的长度。

④ 旋转（R）：指定一轴相对于另一轴的旋转角度。范围在 0 ~ 89.4° 之间，0° 绘制一圆，大于 89.4° 则无法绘制椭圆。

⑤ 起点角度：定义椭圆弧的第一端点。"起始角度" 选项用于从参数模式切换到角度模式。模式用于控制计算椭圆的方法。

例 5.15　绘制如图 5.22 所示的椭圆。

命令：_ellipse

指定椭圆的轴端点或 [圆弧（A）/中心点（C）]：

指定轴的另一个端点：100

指定另一条半轴长度或 [旋转（R）]：20

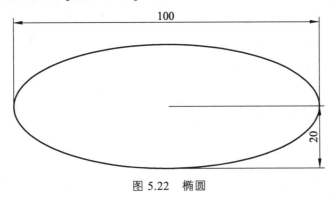

图 5.22　椭圆

5.16　绘制点（POINT）

1. 绘制点的方法

（1）命令：POINT。

（2）功能区：常用→绘图（D）→点（O）→单点（S）。

（3）菜单：绘图→点。

（4）工具栏：绘图→点。

（5）命令及提示：

命令：_point

当前点模式：　PDMODE=33　PDSIZE= － 3.0000

指定点：

2. "点样式" 对话框设置

AutoCAD 提供了 20 种不同式样的点供选择。可以通过 "点样式" 对话框设置。

（1）命令：DDPTYPE。

（2）功能区：常用→实用工具→点样式。

（3）菜单：格式（O）→点样式（P）。

执行点样式命令后，弹出图 5.23 所示的对话框。在 "点样

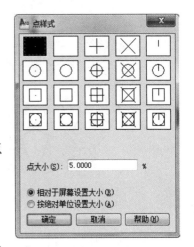

图 5.23　"点样式" 对话框

式"对话框中，可以选取希望的点的形式，输入点大小百分比，该百分比可以是相对于屏幕的大小，也可以设置成绝对单位大小。单击确定按钮后，系统自动采用新的设定重新生成图形。

3. 定数等分（DIVIDE）

如果要将某条线段等分成一定的段数，可以采用 DIVIDE 命令来完成，见图 5.24（a）。

（1）命令：DIVIDE。

（2）功能区：常用→绘图→点→定数等分。

（3）菜单：绘图→点→定数等分。

（4）命令及提示：

命令：_divide

选择要定数等分的对象：

输入线段数目或 [块（B）]：B

输入要插入的块名：

是否对齐块和对象？[是（Y）/否（N）] <Y>：

输入线段数目：

（5）参数：

① 对象：选择要定数等分的对象。

② 线段数目：指定等分的数目。

③ 块（B）：以块作为符号来定数等分对象，在等分点上将插入块。

④ 是否对齐块和对象？[是（Y）/否（N）] <Y>：是否将块和对象对齐。如果对齐，则将块沿选择的对象对齐，必要时会旋转块。如果不对齐，则直接在定数等分点上复制块。

4. 定距等分（MEASURE）

如果要将某条直线、多段线、圆环等按照一定的距离等分，可以直接采用 MEASURE 命令在符合要求的位置上放置点，见图 5.24（b）。

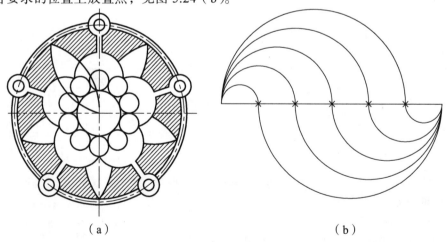

（a）   （b）

图 5.24　定数等分和定距等分

（1）命令：MEASURE。

（2）功能区：常用→绘图→点→定距等分。

（3）菜单：绘图→点→定距等分。

（4）命令及提示：

命令：_measure

选择要定距等分的对象：

指定线段长度或 [块（B）]：B

输入要插入的块名：

是否对齐块和对象？[是（Y）/否（N）] <Y>：

指定线段长度：

（5）参数：

① 对象：选择要定距等分的对象。

② 线段长度：指定等分的长度。

③ 块（B）：以块作为符号来定距等分对象。在等分点上将插入块。

④ 是否对齐块和对象？[是（Y）/否（N）] <Y>：是否将块和对象对齐。如果对齐，则将块沿选择的对象对齐，必要时会旋转块。如果不对齐，则直接在定距等分点上复制块。

例 5.16　如图 5.25 所示，绘制一段长 100 的直线，并且平分为 5 段相等的长度。

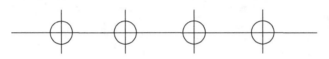

图 5.25　五等分线段

命令：_line 指定第一点：

指定下一点或 [放弃（U）]：100

指定下一点或 [放弃（U）]：

命令：_divide

选择要定数等分的对象：

输入线段数目或 [块（B）]：5

命令：_point

当前点模式：　PDMODE=0　PDSIZE=0.0000

指定点：'_ddptype 正在重生成模型。

正在重生成模型。

5.17　图案填充（BHATCH）

AutoCAD 的图案填充（HATCH）功能可用于绘制剖面符号或剖面线，表现表面纹理或涂色。它应用在绘制机械图、建筑图、地质构造图等各类图样中，如图 5.26 所示。

（1）命令：BHATCH（缩写名：H、BH；命令名 HATCH 只用于命令行）。

（2）菜单：绘图（D）→ 图案填充（H）。

（3）图标："绘图"工具栏。

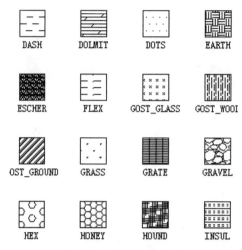

图 5.26　图案填充样式

（4）功能：用对话框操作，实施图案填充（"图案填充编辑"对话框与渐变色和颜色选择对话框分别见图 5.27、图 5.28），包括：

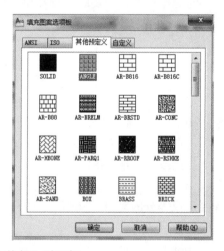

图 5.27　"图案填充编辑"对话框

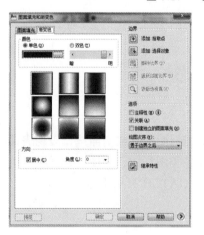

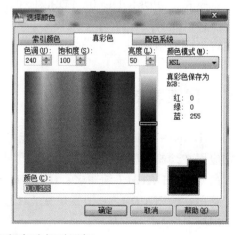

图 5.28　渐变色和颜色选择对话框

① 选择图案类型，调整有关参数；
② 选定填充区域，自动生成填充边界；
③ 选择填充样式；
④ 控制关联性；
⑤ 预览填充结果。

例 5.17　如图 5.29 所示，利用添加内部拾取点，选取边界，并打开"填充图案选项板"选取填充图案，自动完成填充。（注意：利用拾取点来选定填充边界时，边界所构成的一般是一个封闭的区域，对于不封闭区域，可在"图案填充和渐变色"对话框中设定"允许的间隙"。）

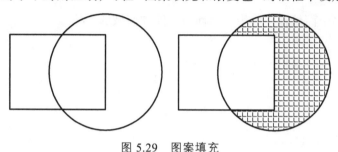

图 5.29　图案填充

5.18　创建面域（REGION）

面域是指从闭合的形或环创建的二维区域，也就是任意封闭的平面图形所围城区域。

面域可以是由多个点相连接并封闭，也可以由多个自封闭的图形相交构成，创建面域可以创建一个也可以创建多个，创建面域的目的是对面域进行布尔运算，从而绘制利用多段线命令很难绘制的复杂的图形。

1. 功能

从闭合的形或环创建的二维区域。

2. 调用

菜单：绘图（D）→面域（N）。
命令：REGION。

3. 格式

命令：_region。
选择对象：选定对象后系统提示
已提取　2　个环
已创建　2　个面域

4. 对面域进行布尔代数运算

创建面域后，在绘图界面上没有任何变化，最终生成所需的图形还需要经过布尔运算，布尔运算是数学上的集合运算，包括并运算（UNION）、差运算（SUBTRACT）和交运算

（INTERSECT），如图 5.30 所示。（注：在进行布尔运算之前必须先创建面域。）

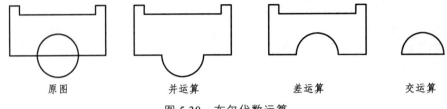

原图　　　　　　并运算　　　　　　差运算　　　　　　交运算

图 5.30　布尔代数运算

（1）并集（UNION）。

① 功能：将多个面域合并成为一个面域，即求面域的合集。

② 调用：

菜单：修改→ 实体编辑→并集。

③ 格式。

命令：UNION

选择对象：

（2）差集（SUBTRACT）。

① 功能：从一个面域中减去另一个面域，即求出面域的差集。

② 调用：

菜单：修改→ 实体编辑→差集。

③ 格式。

命令：SUBTRACT

选择要从中减去的实体、曲面和面域...

选择对象：

（3）交集（INTERSECT）。

① 功能：对两个面域进行求交集运算，即求出面域的公共部分。

② 调用：

菜单："修改"→ "实体编辑"→"交集"。

③ 格式。

命令：INTERSECT

选择对象：

5.19　区域覆盖（WIPEOUT）

通过使用一系列点来指定多边形的区域可以创建区域覆盖对象，也可以将闭合多段线转换成区域覆盖对象。

（1）命令：WIPEOUT。

（2）功能区：常用→绘图→区域覆盖。

（3）功能区：注释→标记→区域覆盖。

（4）菜单：绘图（D）→区域覆盖（W）。

（5）命令及提示：

命令：_wipeout

指定第一点或 [边框（F）/多段线（P）] <多段线>：F

输入模式 [开（ON）/关（OFF）]：

指定第一点或 [边框（F）/多段线（P）] <多段线>：

选择闭合多段线：

多段线必须闭合，并且只能由直线段构成。

是否要删除多段线？[是/否] <否>：

指定下一点：

指定下一点或 [放弃（U）]：

指定下一点或 [闭合（C）/放弃（U）]：

（6）参数：

① 第一点、下一点：根据一系列点确定区域覆盖对象的多边形边界。

② 输入模式：确定是否显示所有区域覆盖对象的边。On 为显示，Off 为不显示。

③ 多段线（P）：选择一条由直线段组成的封闭的多段线为区域边界。符合条件则提示是否删除多段线。

④ 闭合（C）：将区域边界闭合。

⑤ 放弃（U）：放弃绘制的多边形的最后一段。

5.20　创建与使用表格（TABLE）

在 AutoCAD 中也可以插入表格，这样编辑标题栏、明细栏等表格更加方便，无须手工绘制。

（1）命令：TABLE。

（2）菜单：绘图（D）→表格。

① 执行该命令后，弹出如图 5.31 所示的"插入表格"对话框。如果执行"-table"，可通过命令行方式绘制表格。

图 5.31　"插入表格"对话框

在图 5.31 可以设置表格样式、插入方式，设置行数和列数以及行高和列宽等。

② 在"表格样式"对话框中单击"新建"按钮，如图 5.32 所示。又调出"创建新的表格样式"对话框。

③ 在"创建新的表格样式"对话框中，设置"新样式名"为"明细栏"，"基础样式"为 Standard，如图 5.33 所示。然后，单击"继续"按钮，又调出"新建表格样式：明细栏"对话框。

图 5.32　表格样式对话框　　　　　　图 5.33　创建新的表格样式对话框

④ 在"新建表格样式：明细表"对话框中单击右侧的"基本"按钮，切换到"基本"选项卡的设置内容。在该选项卡的"特性"区域，设置单元格"填充颜色"、"对齐"方式、使用的文本"格式"；在"页边距"区域设置"水平"和"垂直"边距等内容，如图 5.34 所示。

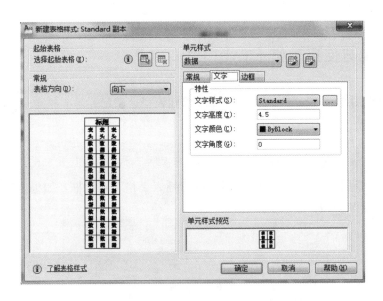

图 5.34　"新建表格样式：明细表"（文字）对话框

⑤ 单击右侧的"文字"按钮，切换到"文字"选项卡的设置内容。在该选项卡的"特性"区域，用于设置"文字样式""文字颜色"和"文字角度"等与文本相关的特性，如图 5.34 所示。

⑥ 单击"边框"标签，切换到"边框"选项卡的设置内容。在该选项卡的"特性"区域，用于设置"线宽""线型""颜色"和"间距"等与边框相关的各种特性。然后，单击"确定"

按钮，关闭该对话框并返回"表格样式"对话框中。此时的"表格样式"对话框对话框如图 5.35 所示。

图 5.35　新建表格样式：明细表（边框）对话框

⑦ 在"表格样式"对话框中单击"置为当前"和"关闭"按钮，关闭该对话框并返回"插入表格"对话框中。在该对话框中单击"确定"按钮，关闭该对话框。

⑧ 在绘图区单击，即可确定插入表格的位置。此时，调出"文字格式"工具栏及表格编辑区。在"文字格式"工具栏中设置文字样式和文字大小。再双击单元格中，即可为该单元格输入文字。

（3）计算表格内的数据。

表格创建完成后，可以单击该表格上的任意网格线以选中表格，然后通过使用"特性"面板或夹点来修改该表格；还可以在表格中插入公式和进行计算。

① 要在选定的表格单元格中插入公式，单击鼠标右键，然后选择"插入公式"命令。也可以使用在位文字编辑器来输入公式，先双击单元格以打开在位文字编辑器，然后输入要计算的公式。在图 5.36 中，求和公式用于计算单元格 A1 到 A5 之和。

数值 1	2
数值 1	3
数值 1	4
数值 1	6
数值 1	7
求和	22
域代码	{ =SUM(ABOVE) }

图 5.36　求和公式

② 对于算术表达式，等号（＝）使单元格可以使用以下运算符，根据表格中其他单元格的内容来计算数值表达式：+、−、/、*、^和=。在图 5.37 中，乘积公式用于计算单元格 C 与 D 的乘积。

	A	B	C 输入	D	E
1	品名	单位	数量	单价	总价
2	床单	床	2	99.00	198.00
3	被套	床	2	165.00	330.00
4	被芯	床	2	187.00	374.00
5	床群	床	2	65.00	130.00
6	床尾巾	条	2	55.00	110.00
7	厚枕芯	个	2	37.00	=C7*D7

图 5.37 乘积计算

在图形中插入表格后，立即可以输入数据，也可以双击单元格输入数据，如图 5.38 所示。

图 5.38 在表格中输入数据

5.21 创建与使用块

块是由一个或多个图形实体组成的，以一个名称命名的图形单元或是绘制在几个图层上不同特性对象的组合。块可以在同一图形或其他图形中重复使用。图块分为内部图块和外部图块两类。

用 AutoCAD 绘图的最大优点就是 AutoCAD 具有库的功能且能重复使用图形的部件。利用 AutoCAD 提供的块、写入块和插入块等操作就可以把用 AutoCAD 绘制的图形作为一种资源保存起来，在一个图形文件或者不同的图形文件中重复使用。要定义一个图块，首先要绘制好组成图块的图形实体，然后再对其进行定义。

1. 创建内部块

所谓内部块即数据保存在当前文件中，只能被当前图形所访问的块。创建内部块可用以下几种方法实现：

（1）命令：Block 或 Bmake。

（2）绘制"菜单：在"绘制"菜单上单击"块"子菜单中的"创建"选项。

（3）"绘制"工具栏：在绘制工具栏上单击创建块图标，执行命令后，AutoCAD 弹出"块定义"对话框，如图 5.39 所示。

该对话框中各选项的含义如下：

① 名称：定义创建块的名称。可以直接在其输入框中输入。

② 基点：设置块的插入基点。可以在 X, Y, Z 的输入框中直接输入 X, Y, Z 的坐标值；也可以单击"拾取插入基点"按钮，用十字光标直接在作图屏幕上点取。

③ 对象：选取要定义块的实体。在该设置区中有三个单选项，其含义如下：

选择对象：提示用户在图形屏幕中选取组成块的对象，可以使用构成选择集的所有方式，选择完毕，在对话框中显示选中对象的总和。

图 5.39　块定义

保留：创建块后，保留图形中构成块的对象。

转换为块：创建块后，同时将图形中被选择的对象转化为块。

删除：删除所选取的实体图形。

④ 预览图标：设置图形时的图标。在该设置区中，有两项选择，可选其中一项。若单击"不包括图标"按钮，则设置预览图形时不包含图标；如果单击"从块的几何图形创建图标"按钮，则设置预览图形时从块的几何结构中创建图标。

⑤ 插入单位：插入块的单位。单击下拉箭头，用户可从下拉列表中选取所插入块的单位。

⑥ 说明：详细描述。可以在其输入框中详细描述所定义图块的资料。

2. 创建外部块

所谓外部块即块的数据可以是以前定义的内部块，或是整个图形，或是选择的对象，它保存在独立的图形文件中，可以被所有图形文件所访问。注意：该命令只能从命令行中调用。

在命令提示下输入 Wblock 或 W，并回车，出现如图 5.40 所示的"写块"对话框。

图 5.40　写块

该对话框中各选项的含义如下：

（1）在该设置区中可以通过以下选项设置块的来源。

块：来源于块。

整个图形：来源于当前正在绘制的整张图形。

对象：来源于所选的实体。

（2）基点：插入的基点。

（3）对象：选取对象。

（4）目标：目标参数描述。在该设置区中可以设置块的以下信息：

文件名：设置输出文件名。

① 位置：设置文件的位置。单击输入框右边的图标按钮，将出现 "浏览文件夹"对话框，可以从中选取块文件的位置。用户也可以直接在输入框中输入块文件的位置。

② 插入单位：插入块的单位。

在"写入块"中设置的以上信息将作为下次调用该块时的描述信息。

3. 图块的特性

在建立一个块时，组成块的实体特性将随块定义一起存储，当在其他图形中插入块时，这些特性也随着一起插入。

（1）0层上图块的特性。

0层上"随层"块的特性随其插入层特性的改变而改变。如果组成块的实体是在0层上绘制的并且用"随层"设置特性，则该块无论插入哪一层，其特性都采用当前层的设置。

（2）指定颜色和线型的图块特性。

如果组成块的实体具有指定的颜色和线型，则块的特性也是固定的，在插入时不受当前图形设置的影响。

（3）"随块"图块特性。

"随块"图块的特性是随不同的绘图环境而变化的。如果组成块的实体采用"随块"设置，则块在插入前没有任何层、颜色、线型、线宽设置，被视为黑色连续线。当块插入当前图形中时，块的特性按当前绘图环境的层、颜色、线型和线宽设置。

（4）"随层"图块特性

如果由某个"随层"设置的实体组成一个内部块，这个层的颜色和线型等特性将设置并储存在块中，以后不管在哪一层插入都保持这些特性。如果在当前图形中插入一个具有"随层"设置的外部块，当外部块所在层在当前图形中未定义，则 AutoCAD 自动建立该层放置块，块的特性与块定义时一致；如果当前图形中存在与之同名而特性不同的层，当前图形中该层的特性将覆盖块原有的特性。

4. 插入块

在当前图形中可以插入外部块和当前图形中已经定义的内部块，并可以根据需要调整其比例和转角。启动命令的方法有以下三种：

（1）命令：Ddinsert 或 Insert。

（2）"插入"菜单：在"插入"菜单中单击"块"命令。

（3）"绘制"工具栏：在绘制工具栏上单击插入块图标。

执行命令后，AutoCAD 弹出"插入"对话框，如图 5.41 所示。

图 5.41　插入块

利用该对话框就可以插入图形文件。具体操作如下：

单击"浏览"按钮选择某一个块名或直接在"名称"输入框中输入块名，则该块将作为被插入的块。

在"插入点""比例""旋转"三个选项组中，插入点默认坐标为（0，0，0），X、Y、Z 比例因子默认值 1，旋转角度默认值 0。选择"在屏幕上指定"复选框可以在图形屏幕插入块时分别设置插入点、比例、旋转角度参数，也可以在该对话框内直接设置以上参数。

"分解"复选框决定是否将插入的块分解为独立的实体，默认为不分解。如果设置为分解，则 X，Y，Z 比例因子必须相同，即选择"统一比例"复选框。

插入块时，块中的所有实体保持块定义时的层、颜色和线型特性，在当前图形中增加相应层、颜色、线型信息。如果构成块的实体位于 0 层，其颜色和线型为 Bylayer，块插入时，这些实体继承当前层的颜色和线型。

完成以上各项设置后，单击"确定"按钮，则该块将插入到当前文件中。单击绘图工具栏中的"插入块"按钮，调出"插入"对话框。在该对话框中单击"浏览"按钮，又调出的"选择图形文件"对话框。在该对话框中选择"门"块文件，单击"打开"按钮，关闭该对话框并返回"插入"对话框中。

单击绘图工具栏 "插入块"按钮，调出"插入"对话框。在该对话框中单击"浏览"按钮，又调出的"选择图形文件"对话框。在该对话框中选择"门"块文件，单击"打开"按钮，关闭该对话框并返回"插入"对话框中。

在"插入"对话框中设置缩放的比例和旋转的角度，单击"确定"按钮。然后，在绘图区单击，即可插入"门"图块。

5.22　实例剖析

1. 实例剖析 1——绘制机械图

使用矩形、直线、多边形等命令完成如图 5.42 所示图形的绘制。

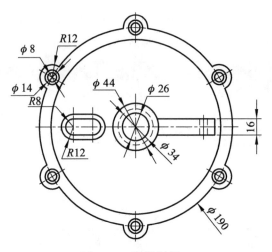

图 5.42　实例剖析 1

绘图思路：

（1）绘制中心线，使用矩形和直线命令，并结合对象捕捉功能，完成图形轮廓的绘制。

（2）使用圆、直线、矩形、阵列以及多边形命令完成图形内部小图形的绘制。

2. 实例剖析 2——绘制洗漱台

使用多段线、圆和椭圆等命令，绘制洗漱台，效果如图 5.43 所示。通过本实例的绘制，主要掌握多段线命令的的使用，了解并掌握椭圆命令的使用方法和对象捕捉功能的使用等。

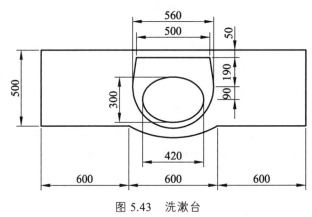

图 5.43　洗漱台

绘图思路：

（1）利用多段线命令绘制洗漱台台面轮廓。

（2）利用多段线和圆以及椭圆命令，完成洗手盆图形的绘制。

（3）利用圆和多段线命令，以及对象捕捉等辅助功能完成水龙头图形的绘制。

第 6 章　基本图形的编辑命令

在 AutoCAD 中，单纯地使用绘图命令或绘图工具只能创建出一些基本图形对象，而要绘制复杂的图形，在多数情况下要借助于图形编辑命令。

编辑命令不仅可以保证绘制的图形达到最终所需的结构精度等要求。更为重要的是，通过编辑功能中的复制、偏移、阵列、镜像等命令可以迅速完成相同或相近的图形。配合适当的技巧，可以充分发挥计算机绘图的优势，快速完成图形绘制。

对已有的图形进行编辑，AutoCAD 提供了两种不同的编辑顺序：

（1）先下达编辑命令，再选择对象。

（2）先选择对象，再下达编辑命令。

不论采用何种方式，都必须选择对象。本章首先介绍编辑对象的选择方式，然后介绍不同的编辑命令和技巧。

6.1　编辑对象的选择方式

在绘图过程中，有时需要对图形进行修改编辑，这时就要选择修改的对象。正确、快捷地选择修改对象，是进行图形编辑的基础。

1. 用选择集（Group）选择对象

当执行编辑命令后，十字光标被一个小正方形框所取代，并出现在光标所在的当前位置处。在 AutoCAD 中，这个小正方形框被称为拾取框（Pick box）。将拾取框移至要编辑的对象上，单击鼠标左键，即可选中对象，又称为点选，此时被选中的对象呈高亮显示，即为选中。

2. 用窗口（Window）方式和交叉（Crossing）方式选择对象

窗口方式和交叉方式是选择对象最常用的方法。除了可用单击拾取框方式选择单个对象外，AutoCAD 还提供了矩形选择框方式来选择多个对象。矩形选择框方式又包括窗口（Window）方式和交叉（Crossing）方式。这两种方式既有联系，又有区别。

3. 用自定义多边形选择对象

如果选择的对象在不规则形状区域内，可以通过一个自定义的多边形选择窗口将它们完全包含到选择集中。如果要选择交叉的对象则可使用交叉多边形。可以通过指定点来划定区域，从而创建多边形选择窗口。创建多边形选择窗口的步骤如下：

（1）启动需要"选择对象"的修改命令（如移动、复制、删除等）。

（2）在命令行显示"选择对象："提示时，输入 WP（定义多边形选择窗口）。

（3）依次指定各点，定义多边形选择窗口，该窗口完全包含选择的对象。

（4）按"Enter"键闭合多边形并且完成选择。

（5）按"Esc"键终止命令，按"Enter"键重新发出修改命令。

（6）在命令行显示"选择对象："提示时，输入 CP（定义交叉多边形选择窗口）。

（7）依次指定各点，定义多边形选择窗口，该窗口应包含选择的对象或与之相交的对象。

（8）按"Enter"键闭合多边形并且完成选择。

4. 用选择栏（Fence）选择对象

使用选择栏可以很容易地从复杂图形中选择非相邻对象。所谓选择栏是一条直线或多段直线，用选择栏穿过的所有对象均被选中。用选择栏选择非相邻对象的步骤是：

（1）启动某编辑命令。

（2）命令行显示："对象选择："提示时，输入 F（栏选）。

（3）命令行显示："第一栏选点："提示时，可以在屏幕上指定选择栏点，命令行显示："指定直线的端点或[放弃（U）]"提示时，可以在屏幕上移动光标，指定下一选择栏点，此时在选择点和光标间绘制一条直线（虚线），即选择栏。

（4）指定不同的选择栏点，绘制选择栏，使其穿过要选择的对象。

（5）按"Enter"键完成选择。

5. 从选择集中删除或增加对象

创建了一个选择集后，可以根据需要从选择集中删除对象。若要从选择集中删除对象，可在"选择对象"提示下输入 remove，在"删除对象"提示时，点击要删除的对象；或在"选择对象"提示时按"Shift"键，同时点击要删除的对象，从选择集中删除对象。若要向选择集中增加对象，可在"选择对象"提示时按"Shift"键，同时点击未选择的需要增加到选择集中的对象，被点击的对象增加到选择集中。

6. 快速选择

当需要选择大量具有某些共同特性的对象时，可用"快速选择"对话框，根据对象特性（如图层、线型、颜色等）或对象类型（直线、多段线、图案填充等）创建选择集。进行快速选择，首先要激活[快速选择]对话框，再进行条件设置。激活该对话框的方法有下面两种：

在绘图区内单击鼠标右键→快捷菜单（图 6.1）→[快速选择]→[快速选择]对话框（图 6.2）；

[工具] 菜单栏→[快速选择] →[快速选择]对话框；在[快速选择]对话框中，可以进行快速过滤功能的各项设置。

图 6.1　快捷编辑菜单　　　　图 6.2　快速选择对话框

如图 6.3 所示为选中对象的状态。

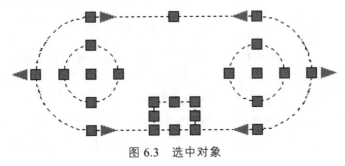

图 6.3   选中对象

6.2   夹点编辑

"夹点"是一些实心的小方框,使用定点位指定对象时,对象关键点上将出现夹点,如图 6.4 所示。使用夹点进行编辑时,要先选择作为基点的夹点,这个被选定的夹点称为基夹点。然后选择一种夹点模式如拉伸、移动、旋转、缩放或镜像。此时可按"空格"键或"Enter"键循环选取这些模式。

如果要将多个夹点作为基夹点,并且保持选定夹点之间的几何图形完好如初,需在选择夹点时按住"Shift"键。要退出夹点模式并返回命令提示,可按"Esc"键。

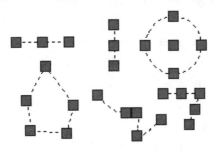

图 6.4   部分常见对象的夹点

1. 利用夹点拉伸对象

利用夹点拉伸对象,选中对象的两侧夹点,该夹点和光标一起移动,在目标位置按下鼠标左键,则选取的点将会改到新的位置,如图 6.5 所示。

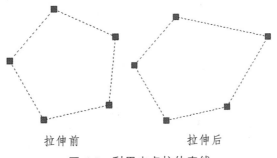

拉伸前   拉伸后

图 6.5   利用夹点拉伸直线

2. 利用夹点移动对象

利用夹点移动对象，只需选中移动夹点，则所选对象会和光标一起移动，在目标点按下鼠标左键即可。

首先在"命令:"提示下选择对象，出现该对象的夹点，再选择一基点，输入 Move（也可右击弹出快捷菜单，从中选择"旋转"，或者按"Enter"键，遍历夹点模式，直到显示夹点模式"移动"），出现下列提示:

拉伸：指定拉伸点或 [基点（B）/复制（C）/放弃（U）/退出（X）]: Move

移动：指定移动点或 [基点（B）/复制（C）/放弃（U）/退出（X）]:

参数。

（1）指定移动点：定义移动的目标位置。

（2）基点（B）：定义移动的基点。

（3）复制（C）：移动的同时保留原图形，与按住"Ctrl"键等效。

（4）放弃（U）：如果进行了复制操作，则放弃该操作。

（5）退出（X）：退出夹点编辑。

3. 利用夹点旋转对象

（1）命令：ROTATE。

利用夹点可将选定的对象进行旋转。

首先在"命令:"提示下选择对象，出现该对象的夹点，再选择一基点，输入 ROTATE，出现下列提示:

指定旋转角度，或 [复制（C）/参照（R）] <90>:

（2）参数。

① 旋转角度：定义旋转角度。

② 基点（B）：定义旋转的基点。

③ 复制（C）：旋转的同时保留原图形，与按住"Ctrl"键等效。

④ 放弃（U）：如果进行了复制操作，则放弃该操作。

⑤ 参照（R）：指定一参照旋转对象。

⑥ 退出（X）：退出夹点编辑。

例 6.1 利用夹点旋转图 6.6 所示图形。

图 6.6 旋转图形

首先选择所有对象，出现夹点后，点取旋转基点，示例如图 6.7 所示。

命令：rotate

UCS 当前的正角方向： ANGDIR=逆时针 ANGBASE=0

找到 3 个

指定基点:

指定旋转角度，或 [复制（C）/参照（R）] <270>:

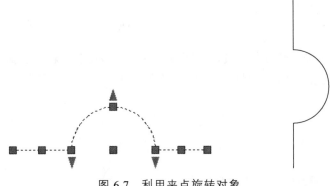

图 6.7 　利用夹点旋转对象

4. 利用夹点镜像对象

可以利用夹点镜像对象。首先在 "命令:" 提示下选择对象,出现该对象的夹点,再选择一基点,输入 MIRROR(也可右击弹出快捷菜单,从中选择 "镜像",或者按 "Enter" 键,遍历夹点模式,直到显示夹点模式 "镜像")。

采用夹点镜像对象的提示如下:

拉伸:指定拉伸点或 [基点(B)/复制(C)/放弃(U)/退出(X)]: mirror

镜像:指定第二点或 [基点(B)/复制(C)/放弃(U)/退出(X)]:

参数。

(1)第二点:指定第二点以确定镜像轴线,第一点为基点。

(2)基点(B):定义镜像轴线的基点。

(3)复制(C):镜像时保留原对象,按住 "Ctrl" 键等效。

(4)放弃(U):放弃复制镜像操作。

(5)退出(X):退出夹点编辑。

5. 利用夹点比例缩放对象

可以利用夹点按比例缩放对象。首先在 "命令:" 提示下选择对象,出现该对象的夹点,再选择一基点,输入 SCALE(也可右击弹出快捷菜单,从中选择 "比例缩放",或者按 "Enter" 键,遍历夹点模式,直到显示夹点模式 "比例缩放")。

利用夹点比例缩放对象的提示如下:

拉伸:指定拉伸点或 [基点(B)/复制(C)/放弃(U)/退出(X)]: scale

比例缩放:指定比例因子或 [基点(B)/复制(C)/放弃(U)/参照(R)/退出(X)]:

参数。

(1)比例因子:定义缩放比例因子。

(2)基点(B):定义缩放的基点。

(3)复制(C):保留原图形,与按住 "Ctrl" 键等效。

(4)放弃(U):放弃复制缩放操作。

(5)参照(R):指定一对象为参照缩放对象。

(6)退出(X):退出夹点编辑。

6.3 图形编辑命令

AutoCAD 中图形的编辑命令一般包括删除、恢复、移动、旋转、复制、偏移、剪切、延伸、比例、缩放、镜像、倒角、圆角、矩形和环形阵列、打断、分解等，下面篇章将逐个介绍这些命令。

6.3.1 删除（ERASE）

删除命令可以将图形中不需要的对象清除。

（1）命令：ERASE。

（2）功能区：常用→修改→删除。

（3）菜单：修改（M）→删除（E）。

（4）工具栏：修改→删除。

（5）命令及提示。

命令：_erase

选择对象：

（6）参数。

选择对象：选择欲删除的对象，可以采用任意的对象选择方式。

6.3.2 复制（COPY）

在指定方向上按指定距离复制对象。

（1）命令：COPY。

（2）功能区：常用→修改→复制。

（3）菜单：修改（M）→复制（Y）。

（4）工具栏：修改→复制。

（5）命令及提示。

命令：_copy

选择对象：

选择对象：

当前设置：复制模式 = 多个

指定基点或 [位移（D）/模式（O）] <位移>：O

输入复制模式选项 [单个（S）/多个（M）] <多个>：

指定基点或 [位移（D）/模式（O）] <位移>：

指定第二个点或<使用第一个点作为位移>：

（6）参数。

① 选择对象：选取欲复制的对象。

② 基点：复制对象的参考点。

③ 位移（D）：原对象和目标对象之间的位移。

④ 模式（O）：设置复制模式为单个（S）或多个（M）。

⑤ 指定第二个点：指定第二点来确定位移，第一点为基点。

⑥ 使用第一个点作为位移：在提示输入第二点时回车，则以第一点的坐标作为位移。

例 6.2　复制图 6.8 中的图形。

命令：_copy

选择对象：找到 1 个

选择对象：找到 1 个，总计 2 个

选择对象：

当前设置：复制模式 = 多个

指定基点或 [位移（D）/模式（O）] <位移>：指定第二个点或

<使用第一个点作为位移>：

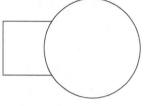

图 6.8　复制命令

指定第二个点或 [退出（E）/放弃（U）] <退出>：

指定第二个点或 [退出（E）/放弃（U）] <退出>：

完成后效果如图 6.9 所示。

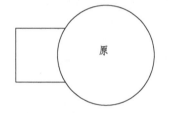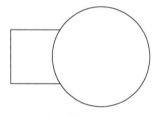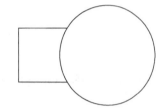

原

图 6.9　效果图

6.3.3　镜像（MIRROR）

对于对称的图形，可以只绘制一半甚至 1/4，然后采用镜像命令产生对称的部分。

（1）命令：MIRROR。

（2）功能区：常用→修改→镜像。

（3）菜单：修改 M→镜像 I。

（4）工具栏：修改→镜像。

（5）命令及提示。

命令：_mirror

选择对象：

选择对象：

指定镜像线的第一点：

指定镜像线的第二点：

要删除源对象吗？[是（Y）/否（N）] <N>：

（6）参数。

① 选择对象：选择欲镜像的对象。

② 指定镜像线的第一点：确定镜像轴线的第一点。

③ 指定镜像线的第二点：确定镜像轴线的第二点。

④ 要删除源对象吗？[是（Y）/否（N）] <N>：Y 删除原对象，N 不删除原对象。

例 6.3　对图 6.10 中图形使用镜像命令。

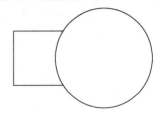

命令：_mirror

选择对象：找到 1 个

选择对象：找到 1 个，总计 2 个

选择对象：

指定镜像线的第一点：指定镜像线的第二点：

图 6.10　镜像命令

要删除源对象吗？[是（Y）/否（N）] <N>：N

完成后效果如图 6.11 所示。

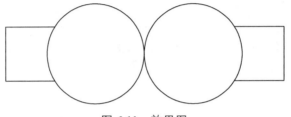

图 6.11　效果图

6.3.4　偏移（OFFSET）

创建同心圆、平行线和平行曲线。单一对象可以使其偏移，从而产生复制对象，偏移时根据偏移距离会重新计算其大小。可以在指定距离或通过一个点偏移对象。偏移对象后，可以使用修剪和延伸这种有效的方式来创建包含多条平行线和曲线的图形。

（1）命令：OFFSET。

（2）功能区：常用→修改→偏移。

（3）菜单：修改 M→偏移 S。

（4）工具栏：修改→偏移。

（5）命令及提示。

命令：_offset

当前设置：删除源=否图层=源　OFFSETGAPTYPE=0

指定偏移距离或 [通过（T）/删除（E）/图层（L）] <通过>：T

指定通过点或 [退出（E）/多个（M）/放弃（U）] <退出>：M

指定通过点或 [退出（E）/放弃（U）] <下一个对象>：

选择要偏移的对象，或 [退出（E）/放弃（U）] <退出>：

指定偏移距离或 [通过（T）/删除（E）/图层（L）] <通过>：E

要在偏移后删除源对象吗？ [是（Y）/否（N）] <当前>：

指定偏移距离或 [通过（T）/删除（E）/图层（L）] <通过>：L

输入偏移对象的图层选项 [当前（C）/源（S）] <当前>：

指定要偏移的那一侧上的点，或 [退出（E）/多个（M）/放弃（U）] <退出>：

（6）参数。

① 指定偏移距离：输入偏移距离，可以通过键盘输入或拾取两个点来定义。

② 通过：指偏移的对象将通过随后拾取的点。

a. 退出：退出偏移命令。

b. 多个：使用同样的偏移距离重复进行偏移操作，同样可以指定通过点。

c. 放弃：恢复前一个偏移。

③ 删除：偏移源对象后将其删除。随后可以确定是否删除源对象，输入 Y 删除源对象，输入 N 保留源对象。

④ 图层：确定偏移复制的对象创建在源对象层上还是当前层上。

⑤ 选择要偏移的对象：选择欲偏移的对象，回车则退出偏移命令。

⑥ 指定要偏移的那一侧上的点：指定点来确定往哪个方向偏移。

例 6.4　使用偏移命令绘制与图 6.12 中圆同心的圆，如图 6.13 所示。

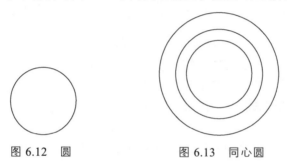

图 6.12　圆　　　　　图 6.13　同心圆

命令：_circle 指定圆的圆心或 [三点（3P）/两点（2P）/切点、切点、半径（T）]：

指定圆的半径或 [直径（D）] <100.0000>：

命令：_offset

当前设置：删除源=否　图层=源　OFFSETGAPTYPE=0

指定偏移距离或 [通过（T）/删除（E）/图层（L）] <110.0000>：　　指定第二点：

选择要偏移的对象，或 [退出（E）/放弃（U）] <退出>：

指定要偏移的那一侧上的点，或 [退出（E）/多个（M）/放弃（U）] <退出>：

命令：_offset

当前设置：删除源=否　图层=源　OFFSETGAPTYPE=0

指定偏移距离或 [通过（T）/删除（E）/图层（L）] <135.0000>：　　指定第二点：

选择要偏移的对象，或 [退出（E）/放弃（U）] <退出>：

指定要偏移的那一侧上的点，或 [退出（E）/多个（M）/放弃（U）] <退出>：

6.3.5　阵列（ARRAY）

创建图形中对象的多个副本，对于规则分布的图形，可以通过矩形或环形阵列命令快速产生。

（1）命令：ARRAY。

（2）功能区：常用→修改→阵列。

（3）菜单：修改（M）→阵列（A）。

（4）工具栏：修改→阵列。

单击该按钮后，弹出图 6.14 和图 6.15 所示的"阵列"对话框。

 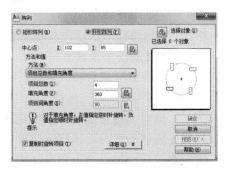

图 6.14 "矩形阵列"对话框 图 6.15 "环形阵列"对话框

1. 矩形阵列

（1）选择对象按钮：单击该按钮返回绘图屏幕，选择阵列对象。选择完毕回到"矩形阵列"对话框，在该按钮下方提示已选择多少个对象。

① 行数：阵列的总行数，右侧图形示意设定效果。

② 列数：阵列的总列数，右侧图形示意设定效果。

（2）偏移距离和方向。

① 行偏移：输入行和行之间的间距，如果为负值，行向下复制。

② 列偏移：输入列和列之间的间距，如果为负值，列向左复制。

③ 阵列角度：设置阵列旋转的角度。默认值是 0，即和 UCS 的 X 和 Y 平行。

（3）确定按钮：按照设定参数完成阵列。

（4）取消按钮：放弃阵列设定。

（5）预览按钮：预览设定效果。

例 6.5 将图 6.16（a）中原始图形所示的圆进行矩形阵列，复制成 6 行 6 列共 36 个圆[如图 6.16（b）所示]。

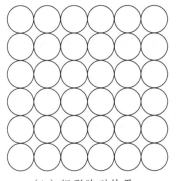

（a）原始图形 （b）矩形阵列结果

图 6.16 矩形阵列示例

操作步骤：

（1）单击"修改"工具栏中的阵列按钮。

（2）设置行数为 6，列数为 6。

（3）单击"选择对象"按钮，返回绘图屏幕，选择复制阵列的圆，回车后返回"阵列"对话框。

（4）设置行偏移和列偏移。

（5）单击"确定"按钮完成阵列设置。

2．环形阵列

（1）选择对象按钮：单击该按钮返回绘图屏幕，选择阵列对象。选择完毕回到"环形阵列"对话框，在该按钮下方提示已选择多少个对象。

（2）中心点：设定环形阵列的中心。也可以通过"拾取中心点"按钮在屏幕上指定中心点，所取值自动填入中心点后的 X 和 Y 文本框。

（3）方法和值。

① 方法：项目总数、填充角度、项目间角度三个参数中只需使用两个就足以确定阵列方法。

② 项目总数：设置阵列结果的对象数目。

③ 填充角度：通过定义阵列中第一个和最后一个元素的基点之间的包含角来设置阵列大小。

④ 项目间角度：设置阵列对象的基点和阵列中心之间的包含角。

（4）复制时旋转项目：复制阵列的同时将对象旋转。

（5）详细按钮：切换是否显示"对象基点"设置参数。

（6）确定按钮：按照设定参数完成阵列。

（7）取消按钮：放弃阵列设置。

（8）预览按钮：预览设定效果。

例 6.6 将图 6.17（a）所示的圆进行环形阵列，图中仅示意阵列原始图形。

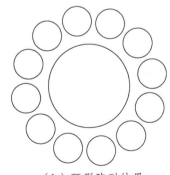

（a）原始图形　　　　　　（b）环形阵列结果

图 6.17 环形阵列

操作步骤：

（1）单击"修改"工具栏中的阵列按钮。

（2）选择"环形阵列"。

（3）单击拾取中心点按钮，返回绘图屏幕，单击旋转中心点圆心。返回"阵列"对话框，中心点坐标自动填入文本框。

（4）在"项目总数"中填入 12。

（5）单击"选择对象"按钮，返回绘图屏幕，选择圆，回车后返回"阵列"对话框。

（6）保证"复制时旋转对象"被勾选上。

（7）单击确定按钮完成环形阵列设置。

6.3.6 移动（MOVE）

移动命令可以将一组或一个对象从一个位置移动到另一个位置。

（1）命令：MOVE。

（2）功能区：常用→修改→移动。

（3）菜单：修改（M）→移动（V）。

（4）工具栏：修改→移动。

（5）命令及提示。

命令：_move

选择对象：

选择对象：

指定基点或 [位移（D）] <位移>：

指定第二个点或<使用第一个点作为位移>：

（6）参数。

① 选择对象：选择欲移动的对象。

② 指定基点或[位移（D）]：指定移动的基点或直接输入位移。

③ 指定第二个点或<使用第一个点作为位移>：如果点取了某点，则指定位移第二点。

6.3.7 旋转（ROTATE）

旋转命令可以将某一对象旋转一个指定角度或参照一个对象进行旋转。

（1）命令：ROTATE。

（2）功能区：常用→修改→旋转。

（3）菜单：修改 M→旋转 R。

（4）工具栏：修改→旋转。

（5）命令及提示。

命令：_rotate

UCS 当前的正角方向： ANGDIR=逆时针 ANGBASE=0

选择对象：

选择对象：

指定基点：

指定旋转角度，或 [复制（C）/参照（R）] <0>：R

指定参照角<0>：

指定新角度或 [点（P）] <0>：

（6）参数。

① 选择对象：选择欲旋转的对象。

② 指定基点：指定旋转的基点。

③ 指定旋转角度：输入旋转的角度。

④ 复制（C）：创建要旋转的选定对象的副本。

⑤ 参照（R）：采用参照的方式旋转对象。

⑥ 指定参考角<0>：如果采用参照方式，则指定参考角。

⑦ 指定新角度或[点（P）]<0>：定义新的角度，或通过指定两点来确定角度。

6.3.8　比例缩放（SCALE）

放大或缩小选定对象，使缩放后对象的比例保持不变。

（1）命令：SCALE。

（2）功能区：常用→修改→缩放。

（3）菜单：修改（M）→缩放（L）。

（4）工具栏：修改→缩放。

（5）命令及提示。

命令：_scale

选择对象：

选择对象：

指定基点：

指定比例因子或 [复制（C）/参照（R）] <1.0000>：R

指定参照长度<1.0000>：

指定新的长度或 [点（P）] <1.0000>：

（6）参数。

① 选择对象：选择欲比例缩放的对象。

② 指定基点：指定比例缩放的基点。

③ 比例因子：按指定的比例放大选定对象的尺寸。大于 1 的比例因子使对象放大。介于 0 和 1 之间的比例因子使对象缩小。还可以拖动光标使对象变大或变小。

④ 复制（C）：创建要缩放的选定对象的副本。

⑤ 指定参考长度<1>：指定参考的长度，默认值为 1。

⑥ 指定新的长度或 [点（P）] <1.0000>：指定新的长度或通过定义两个点来定义长度。

6.3.9　拉伸（STRETCH）

拉伸是拉伸与选择窗口或多边形交叉的对象的操作。

（1）命令：STRETCH。

（2）功能区：常用→修改→拉伸。

（3）菜单：修改（M）→拉伸（H）。

（4）工具栏：修改→拉伸。

（5）命令及提示。

命令：_stretch

以交叉窗口或交叉多边形选择要拉伸的对象...

选择对象：

指定对角点：

选择对象：

指定基点或 [位移（D）] <位移>：

指定第二个点或<使用第一个点作为位移>：

（6）参数。

① 选择对象：只能以交叉窗口或交叉多边形选择要拉伸的对象。

② 指定基点或[位移（D）]：指定拉伸基点或定义位移。

③ 指定第二个点或<使用第一个点作为位移>：如果第一点定义了基点，定义第二点来确定位移。如果直接回车，则位移就是第一点的坐标。

6.3.10　拉长（LENGTHEN）

拉长命令可以修改某直线或圆弧的长度或角度，可以指定绝对大小、相对大小、相对百分比大小，甚至可以动态修改其大小。

（1）命令：LENGTHEN。

（2）功能区：常用→修改→拉长。

（3）菜单：修改（M）→拉长（G）。

（4）命令及提示。

命令：_lengthen

选择对象或 [增量（DE）/百分数（P）/全部（T）/动态（DY）]：

输入长度增量或 [角度（A）] <当前值>：

选择要修改的对象或 [放弃（U）]：

（5）参数。

① 选择对象：选择欲拉长的直线或圆弧对象，此时显示该对象的长度或角度。

② 增量（DE）：定义增量大小，正值为增，负值为减。

③ 百分数（P）：定义百分数来拉长对象，类似于缩放比例。

④ 全部（T）：通过指定从固定端点测量的总长度的绝对值来设置选定对象的长度。"全部"选项也按照指定的总角度设置选定圆弧的包含角。

⑤ 动态（DY）：打开动态拖动模式。通过拖动选定对象的端点之一来改变其长度。其他端点保持不变。

⑥ 输入长度增量或 [角度（A）] <>：输入长度增量或角度增量。

⑦ 选择要修改的对象或 [放弃（U）]：点取欲修改的对象，输入 U 则放弃刚完成操作。

6.3.11 修剪（TRIM）

绘图中经常需要修剪图形，将超出的部分去掉，以便使图形精确相交。修剪命令是以指定的对象为边界，剪去要修剪对象超出边界的部分。

（1）命令：TRIM。

（2）功能区：常用→修改→修剪。

（3）菜单：修改（M）→修剪（T）。

（4）工具栏：修改→修剪。

（5）命令及提示。

命令：_trim

当前设置：投影=UCS 边=无

选择剪切边 ...

选择对象：

选择要修剪的对象或按住"Shift"键选择要延伸的对象或 [栏选（F）/窗交（C）/投影（P）/边（E）/删除（R）/放弃（U）]：P

输入投影选项 [无（N）/UCS（U）/视图（V）] <UCS>：

选择要修剪的对象，或按住"Shift"键选择要延伸的对象，或 [栏选（F）/窗交（C）/投影（P）/边（E）/删除（R）/放弃（U）]：E

输入隐含边延伸模式 [延伸（E）/不延伸（N）] <不延伸>：

（6）参数。

① 选择剪切边 ... 选择对象：提示选择剪切边，选择对象作为剪切边界。

② 选择要修剪的对象：选择欲修剪的对象。

③ 按住"Shift"键选择要延伸的对象：按住"Shift"键选择对象，此时为延伸。

a. 栏选（F）：选择与选择栏相交的所有对象。

b. 窗交（C）：由两点确定矩形区域，区域内部或与之相交的对象。

c. 投影（P）：按投影模式剪切，选择该项后出现输入投影选项的提示。

d. 删除（R）：删除选定的对象。此选项提供了一种用来删除不需要的对象的简便方法，而无须退出 TRIM 命令。在以前的版本中，最后一段图线无法修剪，只能退出后用删除命令删除，现在可以在修剪命令中删除。

e. 放弃（U）：撤销由修剪命令所做的最近一次修改。

f. 边（E）：按边的模式剪切，选择该项后，提示要求输入隐含边的延伸模式。

④ 输入投影选项 [无（N）/UCS（U）/视图（V）] <无>：输入投影选项，即根据 UCS 或视图或无来进行剪切。

⑤ 输入隐含边延伸模式 [延伸（E）/不延伸（N）]<不延伸>：定义隐含边延伸模式。

例 6.7 修剪图 6.18（a）中圆内的线段，成为图 6.18（b）。

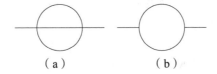

（a）　　　　　　（b）

图 6.18 修剪练习

命令：_circle 指定圆的圆心或 [三点（3P）/两点（2P）/切点、切点、半径（T）]：

指定圆的半径或 [直径（D）] <2.8239>：10

命令：

命令：_line 指定第一点：

指定下一点或 [放弃（U）]：

命令：

命令：_line 指定第一点： <正交开>

指定下一点或 [放弃（U）]：

指定下一点或 [放弃（U）]：

命令：

命令：_trim

当前设置：投影=UCS，边=无

选择剪切边...

选择对象或<全部选择>： 找到 1 个

选择对象：找到 1 个，总计 2 个

选择对象：

选择要修剪的对象，或按住 Shift 键选择要延伸的对象，或

[栏选（F）/窗交（C）/投影（P）/边（E）/删除（R）/放弃（U）]：

选择要修剪的对象，或按住"Shift"键选择要延伸的对象，或

[栏选（F）/窗交（C）/投影（P）/边（E）/删除（R）/放弃（U）]：

命令：_u 修剪 GROUP

6.3.12 延伸（EXTEND）

延伸是以指定的对象为边界，延伸某对象与之精确相交。

（1）命令：EXTEND。

（2）功能区：常用→修改→延伸。

（3）菜单：修改（M）→延伸（D）。

（4）工具栏：修改→延伸。

（5）命令及提示。

命令：_extend

选择边界的边...

选择对象或<全部选择>：

选择对象：

选择要延伸的对象，或按住"Shift"键选择要修剪的对象，或 [栏选（F）/窗交（C）/投影（P）/边（E）/放弃（U）]：P

输入投影选项 [无（N）/UCS（U）/视图（V）]<无>：

选择要延伸的对象或 [投影（P）/边（E）/放弃（U）]：E

输入隐含边延伸模式 [延伸（E）/不延伸（N）]<不延伸>：

（6）参数。

① 选择边界的边 … 或〈全部选择〉：提示选择延伸边界的边，下面的选择对象即作为边界。

② 选择要延伸的对象：选择欲延伸的对象。

③ 按住"Shift"键选择要修剪的对象：按住"Shift"键选择对象，此时为修剪。

a. 栏选（F）：选择与选择栏相交的所有对象。将出现栏选提示。

b. 窗交（C）：由两点确定矩形区域，区域内部为与之相交的对象。

c. 投影（P）：按投影模式延伸，选择该项后出现输入投影选项的提示。

d. 边（E）：将对象延伸到另一个对象的隐含边，或仅延伸到三维空间中与其实际相交的对象。

e. 放弃（U）：撤销由延伸命令所做的最近一次修改。

④ 输入投影选项 [无（N）/UCS（U）/视图（V）] <无>：输入投影选项，即根据 UCS 或视图或无来进行延伸。

⑤ 输入隐含边延伸模式 [延伸（E）/不延伸（N）] <不延伸>：定义隐含边延伸模式。

例 6.8　延伸图 6.19 中左边直线与右边直线相接。

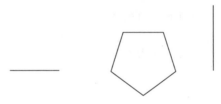

图 6.19　延伸示例

（方法一）命令：_extend

当前设置：投影=UCS，边=延伸

选择边界的边...

选择对象或<全部选择>：指定对角点：找到 3 个

选择对象：

选择要延伸的对象，或按住 Shift 键选择要修剪的对象，或

[栏选（F）/窗交（C）/投影（P）/边（E）/放弃（U）]：　　（点击直线）

选择要延伸的对象，或按住 Shift 键选择要修剪的对象，或

[栏选（F）/窗交（C）/投影（P）/边（E）/放弃（U）]：　　（点击直线）

选择要延伸的对象，或按住 Shift 键选择要修剪的对象，或

[栏选（F）/窗交（C）/投影（P）/边（E）/放弃（U）]：　　（点击直线）

选择要延伸的对象，或按住 Shift 键选择要修剪的对象，或

（方法二）当前设置：投影=UCS，边=延伸

选择边界的边...

选择对象或〈全部选择〉：指定对角点：找到 3 个

选择对象：

选择要延伸的对象，或按住 Shift 键选择要修剪的对象，或

[栏选（F）/窗交（C）/投影（P）/边（E）/放弃（U）]： C

指定第一个角点：　　　（点击直线）

指定第一个角点：　　　（点击直线）

指定第一个角点：　　　（点击直线）

完成效果如图 6.20 所示。

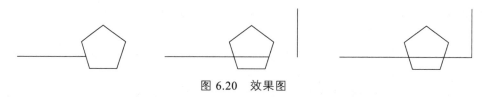

图 6.20　效果图

6.3.13　打断、打断于点（BREAK）

打断命令可以将某对象一分为二或去掉其中一段缩短其长度。圆可以被打断成圆弧。

（1）命令：BREAK。

（2）功能区：常用→修改→打断、打断于点。

（3）菜单：修改（M）→打断（K）。

（4）工具栏：修改→打断、打断于点。

（5）命令及提示。

命令：_break

选择对象：

指定第二个打断点或[第一点（F）]：

（6）参数。

① 选择对象：选择打断的对象。如果在后面的提示中不输入 F 来重新定义第一点，则拾取该对象的点为第一点。

② 指定第二个打断点：拾取打断的第二点。如果输入@指第二点和第一点相同，即将选择对象分成两段而总长度不变。

③ 第一点（F）：输入 F 重新定义第一点。

6.3.14　合并（JOIN）

（1）命令：JOIN。

（2）功能区：常用→修改→合并。

（3）菜单：修改（M）→合并（J）。

（4）工具栏：修改→合并。

（5）命令及提示。

命令：_join

选择源对象：

（6）参数。

根据选择对象的不同，会出现不同的提示：

① 选择源对象：选择一个对象，随后选择的符合条件的对象将加入该对象成为一个整体。

② 选择要合并到源的直线：如果源对象为直线，提示选择加入的直线。要加入的直线，必须和源对象共线，中间允许有间隙。

③ 选择要合并到源的对象：提示选择对象可以是直线、多段线或圆弧。对象之间不能有间隙，并且必须位于与 UCS 的 *XY* 平面平行的同一平面上。

④ 选择圆弧，以合并到源或进行 [闭合（L）]：源对象为圆弧时要求选择可以合并的圆弧以便合并。也可以将圆弧本身闭合成一个整圆。圆弧必须位于假想的圆上，可以有间隙，按逆时针方向合并。

⑤ 选择椭圆弧，以合并到源或进行 [闭合（L）]：源对象为椭圆弧时要求选择椭圆弧以便合并。也可以将椭圆弧本身闭合成一个椭圆。椭圆弧必须位于假想的椭圆上，可以有间隙，按逆时针方向合并。

⑥ 选择要合并到源的样条曲线或螺旋：螺旋对象必须相接（端点对端点）。结果对象是单个样条曲线。样条曲线和螺旋对象必须相接（端点对端点）。结果对象是单个样条曲线。

例 6.9　合并图 6.21 的图形如图 6.22 所示。

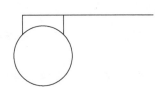

图 6.21　合并前　　　　　　　　图 6.22　合并后

命令：_join 选择源对象：

选择要合并到源的直线：找到 1 个

选择要合并到源的直线：

已将 1 条直线合并到源

6.3.15　倒角（CHAMFER）

倒角是机械零件图上常见的结构。倒角可以通过倒角命令直接产生。

（1）命令：CHAMFER。

（2）功能区：常用→修改→倒角。

（3）菜单：修改（M）→倒角（C）。

（4）工具栏：修改→倒角。

（5）命令及提示。

命令：_chamfer

（"修剪"模式）　当前倒角距离 1 = ××，距离 2 = ××

选择第一条直线或 [放弃（U）/多段线（P）/距离（D）/角度（A）/修剪（T）/方式（E）/多个（M）]：

选择第二条直线，或按住"Shift"键选择要应用角点的直线：

选择第一条直线或 [放弃（U）/多段线（P）/距离（D）/角度（A）/修剪（T）/方式（E）/多个（M）]：P

选择二维多段线：

选择第一条直线或 [放弃（U）/多段线（P）/距离（D）/角度（A）/修剪（T）/方式（E）/多个（M）]：D

指定第一个倒角距离<>：

指定第二个倒角距离<>：

选择第一条直线或 [放弃（U）/多段线（P）/距离（D）/角度（A）/修剪（T）/方式（E）/多个（M）]：A

指定第一条直线的倒角长度<>：

指定第一条直线的倒角角度<>：

选择第一条直线或 [放弃（U）/多段线（P）/距离（D）/角度（A）/修剪（T）/方式（E）/多个（M）]：M

输入修剪方法 [距离（D）/角度（A）]<>：

选择第一条直线或 [放弃（U）/多段线（P）/距离（D）/角度（A）/修剪（T）/方式（E）/多个（M）]：T

输入修剪模式选项 [修剪（T）/不修剪（N）]<>：

（6）参数。

① 选择第一条直线：选择倒角的第一条直线。

② 选择第二条直线，或按住"Shift"键选择要应用角点的直线：选择倒角的第二条直线。选择对象时可以按住"Shift"键，用 0 值替代当前的倒角距离。

③ 放弃（U）：恢复在命令中执行的上一个操作。

④ 多段线（P）：对多段线倒角。

选择二维多段线：提示选择二维多段线。

⑤ 距离（D）：设置倒角距离。

a. 指定第一个倒角距离<>：指定第一个倒角距离。

b. 指定第二个倒角距离<>：指定第二个倒角距离。

⑥ 角度（A）：通过距离和角度来设置倒角大小。

a. 指定第一条直线的倒角长度<>：设定第一条直线的倒角长度。

b. 指定第一条直线的倒角角度<>：设定第一条直线的倒角角度。

⑦ 修剪（T）：设定修剪模式。

输入修剪模式选项 [修剪（T）/不修剪（N）]<>：选择修剪或不修剪。

⑧ 方式（M）：设定修剪方法为距离或角度。

输入修剪方法 [距离（D）/角度（A）]<>：选择修剪方法是距离或角度来确定倒角大小。

⑨ 多个（M）：为多组对象的边倒角。将重复显示主提示和"选择第二个对象"的提示，直到按回车键结束。

例 6.10 对图 6.23 中的矩形倒角，效果如图 6.24 所示。

图 6.23　倒角练习

图 6.24　效果图

命令：_chamfer

（"修剪"模式）当前倒角距离 1 = 5.0000，距离 2 = 5.0000

选择第一条直线或 [放弃（U）/多段线（P）/距离（D）/角度（A）/修剪（T）/方式（E）/多个（M）]：D

指定第一个倒角距离 <5.0000>：15

指定第二个倒角距离 <15.0000>：15

选择第一条直线或 [放弃（U）/多段线（P）/距离（D）/角度（A）/修剪（T）/方式（E）/多个（M）]：

选择第二条直线，或按住"Shift"键选择要应用角点的直线：

命令：

命令：_chamfer

（"修剪"模式）当前倒角距离 1 = 15.0000，距离 2 = 15.0000

选择第一条直线或 [放弃（U）/多段线（P）/距离（D）/角度（A）/修剪（T）/方式（E）/多个（M）]：

选择第二条直线，或按住"Shift"键选择要应用角点的直线：

命令：

命令：_chamfer

（"修剪"模式）当前倒角距离 1 = 15.0000，距离 2 = 15.0000

选择第一条直线或 [放弃（U）/多段线（P）/距离（D）/角度（A）/修剪（T）/方式（E）/多个（M）]：

选择第二条直线，或按住"Shift"键选择要应用角点的直线：

命令：

命令：_chamfer

（"修剪"模式）当前倒角距离 1 = 15.0000，距离 2 = 15.0000

选择第一条直线或 [放弃（U）/多段线（P）/距离（D）/角度（A）/修剪（T）/方式（E）/多个（M）]：

选择第二条直线，或按住 Shift 键选择要应用角点的直线：

6.3.16　圆角（FILLET）

圆角和倒角一样，可以直接通过圆角命令产生。

（1）命令：FILLET。

（2）功能区：常用→修改→圆角。

（3）菜单：修改（M）→圆角（F）。

（4）工具栏：修改→圆角。

（5）命令及提示。

命令：_fillet

当前设置：模式 = 修剪，半径 = 0.0000

选择第一个对象或 [放弃（U）/多段线（P）/半径（R）/修剪（T）/多个（M）]：U

命令已完全放弃。

选择第一个对象或 [放弃（U）/多段线（P）/半径（R）/修剪（T）/多个（M）]：R

指定圆角半径<××>：

选择第一个对象或 [放弃（U）/多段线（P）/半径（R）/修剪（T）/多个（M）]：P

选择二维多段线：

选择第一个对象或 [放弃（U）/多段线（P）/半径（R）/修剪（T）/多个（M）]：T

输入修剪模式选项 [修剪（T）/不修剪（N）] <当前值>：

选择第一个对象或 [放弃（U）/多段线（P）/半径（R）/修剪（T）/多个（M）]：M

选择第一个对象或 [放弃（U）/多段线（P）/半径（R）/修剪（T）/多个（M）]：

选择第二个对象，或按住"Shift"键选择要应用角点的对象：

（6）参数。

① 选择第一个对象：选择倒圆角的第一个对象。

② 选择第二个对象：选择倒圆角的第二个对象。

a. 放弃（U）：恢复在命令中执行的上一个操作。

b. 多段线（P）：在二维多段线中两条直线段相交的每个顶点处插入圆角弧。

c. 半径（R）：设定圆角半径。

d. 修剪（T）：修剪选定的边到圆角弧端点。

e. 不修剪：不修剪选定边。

f. 多个（M）：用同样的圆角半径修改多个对象。

③ 输入修剪模式选项 [修剪（T）/不修剪（N）] <修剪>：选择修剪模式。如果选择成修剪，则不论两个对象是否相交或不足，均自动进行修剪。

④ 按住"Shift"键选择要应用角点的对象：自动使用半径为 0 的圆角连接两个对象。即让两个对象自动不带圆角而准确相交，可以去除多余的线条或延伸不足的线条。

例 6.11 对图 6.25 中的矩形进行圆角，效果如图 6.26 所示。

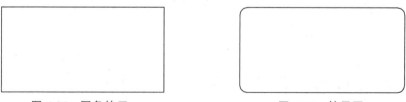

图 6.25 圆角练习　　　　　　　　图 6.26 效果图

命令：_fillet

当前设置：模式 = 修剪，半径 = 5.0000

选择第一个对象或 [放弃（U）/多段线（P）/半径（R）/修剪（T）/多个（M）]：

选择第二个对象，或按住 Shift 键选择要应用角点的对象：

命令：

命令：

命令：_fillet

当前设置：模式 = 修剪，半径 = 5.0000

选择第一个对象或 [放弃（U）/多段线（P）/半径（R）/修剪（T）/多个（M）]：

选择第二个对象，或按住"Shift"键选择要应用角点的对象：

6.3.17　分解（EXPLODE）

多段线、块、尺寸、填充图案、修订云线、多行文字、多线、体、面域、多面网格、引线等是一个整体。如果要对其中单一的对象进行编辑，普通的编辑命令无法完成，通过专用的编辑命令有时也难以满足要求。但如果将这些整体的对象分解，使之变成单独的对象，就可以采用普通的编辑命令进行编辑修改了。

（1）命令：EXPLODE。

（2）功能区：常用→修改→分解。

（3）菜单：修改（M）→分解（X）。

（4）工具栏：修改→分解。

（5）命令及提示。

命令：_explode

选择对象：

（6）参数。

选择对象：选择欲分解的对象，包括块、尺寸、多线、多段线、修订云线、多线、多行文字、体、面域、引线等，而独立的直线、圆、圆弧、单行文字、点等是不能被分解的。

6.3.18　对齐（ALIGN）

该命令可以通过移动、旋转或倾斜对象来使该对象与另一个对象对齐。

（1）命令：ALIGN。

（2）功能区：常用→修改→对齐。

（3）菜单：修改（M）→三维操作（3）→对齐（L）。

（4）命令及提示。

命令：_align

选择对象：指定对角点：找到 × 个

选择对象：

指定第一个源点：

指定第一个目标点：

指定第二个源点：

指定第二个目标点：

指定第三个源点或<继续>：

是否基于对齐点缩放对象？[是（Y）/否（N）]<否>：

（5）参数。

① 选择对象：选择欲对齐的对象。

② 指定第一个源点：指定第一个源点，即将被移动的点。

③ 指定第一个目标点：指定第一个目标点，即第一个源点的目标点。

④ 指定第二个源点：指定第二个源点，即将被移动的第二个点。

⑤ 指定第二个目标点：指定第二个目标点，即第二个源点的目标点。

⑥ 继续：继续执行对齐命令，终止源点和目标点的选择。

⑦ 是否基于对齐点缩放对象：确定长度不一致时是否缩放。如选择否，则不缩放，保证第一点重合，第二点在同一个方向上。如果选择是，则通过缩放使第一和第二点均重合。

6.4 特性编辑

6.4.1 特性（PROPERTIES）

特性命令 PROPERTIES 可以在伴随对话框中直观地修改所选对象的特性。

（1）命令：PROPERTIES，DDMODIFY，DDCHPROP。

（2）快速访问工具栏：特性。

（3）菜单：修改→特性。

（4）快捷菜单：选择了对象后单击鼠标右键选择"特性"菜单项，或双击夹点。

（5）工具栏：标准→特性

在"QP"（快捷特性）按钮打开时，选择了对象后会在绘图界面上显示其特性。如图 6.27 所示。对大多数图形对象而言，也可以在图线上双击来打开"特性"面板。

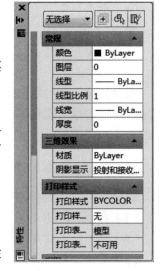

图 6.27 特性编辑

6.4.2 特性匹配（MATCHPROP）

如果要将某对象的特性修改成另一个对象的特性，通过特性匹配命令可以快速实现。此时无须逐个修改该对象的具体特性。

（1）命令：MATCHPROP。

（2）快速访问工具栏：特性匹配。

（3）功能区：常用→剪贴板→特性匹配。

（4）菜单：修改→特性匹配。

（5）工具栏：标准→特性匹配。

（6）命令及提示。

命令：matchprop

选择源对象：

选择源对象：

当前活动设置：颜色图层线型线型比例线宽厚度打印样式标注文字填充图案多段线视口表格材质阴影显示多重引线

选择目标对象或 [设置（S）]：S（弹出"特性设置"对话框）

选择目标对象或 [设置（S）]：

参数：

① 选择源对象：该对象的全部或部分特性是要被复制的特性。

② 选择目标对象：该对象的全部或部分特性是要改动的特性。

③ 设置（S）：设置复制的特性，输入该参数后。

6.4.3　特性修改命令（CHPROPCHANGE）

1. CHPROP 命令

（1）命令及提示。

命令：CHPROP。

选择对象：

输入要更改的特性 [颜色（C）/图层（LA）/线型（LT）/线型比例（S）/线宽（LW）/厚度（T）/材质（M）/注释性（A）]：

（2）参数。

① 选择对象：选择欲修改特性的对象。

② 颜色（C）：修改颜色。

③ 图层（LA）：修改图层。

④ 线型（LT）：修改线型。

⑤ 线型比例（S）：修改线型比例。

⑥ 线宽（LW）：修改线宽。

⑦ 厚度（T）：修改厚度。

⑧ 材质（M）：输入新材质名修改材质。

⑨ 注释性（A）：修改选定对象的注释性特性。

2. CHANGE 命令

（1）命令及提示。

命令：CHANGE。

选择对象：

指定修改点或 [特性（P）]：P

输入要更改的特性 [颜色（C）/标高（E）/图层（LA）/线型（LT）/线型比例（S）/线宽（LW）/厚度（T）/材质（M）/注释性（A）]：

（2）参数。

① 选择对象：选择欲修改特性的对象。

② 指定修改点：指定修改点，该修改点对不同的对象有不同的含义。

③ 特性（P）：修改特性，选择该项后出现以下选择：

a. 颜色（C）：修改颜色。

b. 标高（E）：修改标高。

c. 图层（LA）：修改图层。

d. 线型（LT）：修改线型。

e. 线型比例（S）：修改线型比例。

f. 线宽（LW）：修改线宽。

g. 厚度（T）：修改厚度。

h. 材质（M）：修改材质。

i. 注释性（A）：修改对象的注释性特性，即是否改为注释性。

（3）修改点。

对不同对象修改点的含义如下：

① 直线：将离修改点较近的点移到修改点上，修改后的点受到某些绘图环境设置如正交模式等的影响。

② 圆：使圆通过修改点。如果回车，则提示输入新的半径。

③ 块：将块的插入点改到修改点，并提示输入旋转角度。

④ 属性：将属性定义改到修改点，提示输入新的属性定义的类型、高度、旋转角度、标签、提示及默认值等。

⑤ 文字：将文字的基点改到修改点，提示输入新的文本类型、高度、旋转角度和字串内容等。

6.5　几何约束

平面体系并非自由系，各部分之间以及杆件与基础之间总存在一定的联系，所谓固定就是把一个对象上的某一个点定在图上，不能动，也不能移动，但是这个图形可以通过"夹点"来改变形状。这种联系对体系各部分之间的位置关系形成几何学上的限制。这种对非自由系各部分的位置关系所施加的几何学上的限制称为几何约束，简称为约束。

在 AutoCAD 中几何约束用于确定二维对象间或对象上的各点之间的几何关系，如平行、垂直、同心或重合等。

6.5.1　重合约束（GEOMCONSTRAINT-C）

重合约束强制使两个点或一个点和一条直线重合，应用重合命令时，会生成块定义，两点相互重合，操作应用了重合约束的块时，指定的点将始终相互重合。

（1）命令：GEOMCONSTRAINT-C。

（2）菜单：参数→几何约束→重合。

（3）命令及提示。

命令：_GeomConstraint

输入约束类型

[水平（H）/竖直（V）/垂直（P）/平行（PA）/相切（T）/平滑（SM）/重合（C）/同心（CON）/共线（COL）/对称（S）/相等（E）/固定（F）]

<重合>：_Coincident

选择第一个点或 [对象（O）/自动约束（A）] <对象>：

选择第二个点或 [对象（O）] <对象>：

例 6.12　练习重合约束，将图 6.28（a）中的两条直线重合约束，完成效果如图 6.28（b）所示。

（a）原图　　　　　　　　（b）效果图

图 6.28　重合约束

命令：_GeomConstraint

输入约束类型

[水平（H）/竖直（V）/垂直（P）/平行（PA）/相切（T）/平滑（SM）/重合（C）/同心（CON）/共线（COL）/对称（S）/相等（E）/固定（F）]

<重合>：_Coincident

选择第一个点或 [对象（O）/自动约束（A）] <对象>：

选择第二个点或 [对象（O）] <对象>：

6.5.2　垂直约束（GEOMCONSTRAINT-P）

垂直约束强制使两条直线或多段线线段的夹角保持 90°。应用重合约束时，会生成块定义，其中直线相互垂直，操作应用了垂直约束的块时，指定的直线将始终保持相互垂直。

（1）命令：GEOMCONSTRAINT-P。

（2）菜单：参数→几何约束→垂直。

（3）命令及提示。

命令：_GeomConstraint

输入约束类型

[水平（H）/竖直（V）/垂直（P）/平行（PA）/相切（T）/平滑（SM）/重合（C）/同心（CON）/共线（COL）/对称（S）/相等（E）/固定（F）]

<重合>：_Perpendicular

选择第一个对象：

选择第二个对象：

例 6.13　练习垂直约束，将图 6.29（a）中的两条直线垂直约束，完成效果如图 6.29（b）所示。

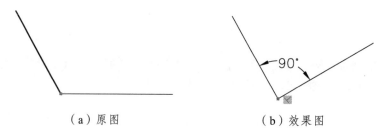

（a）原图　　　　　　　　　　　（b）效果图

图 6.29　垂直约束

命令：_GeomConstraint

输入约束类型

[水平（H）/竖直（V）/垂直（P）/平行（PA）/相切（T）/平滑（SM）/重合（C）/同心（CON）/共线（COL）/对称（S）/相等（E）/固定（F）]

<重合>：_Perpendicular

选择第一个对象：

选择第二个对象：

6.5.3　平行约束（GEOMCONSTRAINT-PA）

平行约束强制使两条直线保持相互平行，应用了平行约束的块时，指定的直线将始终保持相互平行。有效对象或有效点：直线、多段线子对象。

（1）命令：GEOMCONSTRAINT-PA。

（2）菜单：参数→几何约束→平行。

（3）命令及提示。

命令：_GeomConstraint

输入约束类型

[水平（H）/竖直（V）/垂直（P）/平行（PA）/相切（T）/平滑（SM）/重合（C）/同心（CON）/共线（COL）/对称（S）/相等（E）/固定（F）]

<重合>：_Parallel

选择第一个对象：

选择第二个对象：

例 6.14　练习平行约束，将图 6.30（a）中的两条直线平行约束，完成效果如图 6.30（b）所示。

（a）原图　　　　　　　　　　　（b）效果图

图 6.30　平行约束

命令：_GeomConstraint

输入约束类型

[水平（H）/竖直（V）/垂直（P）/平行（PA）/相切（T）/平滑（SM）/重合（C）/同心（CON）/共线（COL）/对称（S）/相等（E）/固定（F）]

<重合>：_Parallel

选择第一个对象：

选择第二个对象：

6.5.4　相切约束（GEOMCONSTRAINT-T）

相切约束强制使两条曲线保持相切或与其延长线保持相切。有效的对象或点：直线、多段线子对象、圆、圆弧、多段圆弧或椭圆，圆、圆弧或椭圆的组合。

（1）命令：GEOMCONSTRAINT-T。

（2）菜单：参数→几何约束→相切。

（3）命令及提示。

命令：_GeomConstraint

输入约束类型

[水平（H）/竖直（V）/垂直（P）/平行（PA）/相切（T）/平滑（SM）/重合（C）/同心（CON）/共线（COL）/对称（S）/相等（E）/固定（F）]

<平行>：_Tangent

选择第一个对象：

选择第二个对象：

例 6.15　练习使用相切约束命令，使图 6.31（a）中的直线与圆相切，完成效果如图 6.31（b）所示。

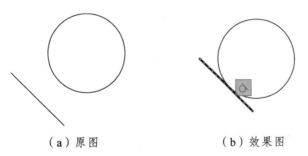

（a）原图　　　　　　　　（b）效果图

图 6.31　相切约束

命令：_GeomConstraint

输入约束类型

[水平（H）/竖直（V）/垂直（P）/平行（PA）/相切（T）/平滑（SM）/重合（C）/同心（CON）/共线（COL）/对称（S）/相等（E）/固定（F）]

<平行>：_Tangent

选择第一个对象：

选择第二个对象：

6.5.5　水平约束（GEOMCONSTRAINT-H）

水平约束强制使一条直线或一对点与当前用户坐标系的 X 轴保持平行。有效的对象或点：直线、多段线子对象、两个有效约束点。

（1）命令：GEOMCONSTRAINT-H。

（2）菜单：参数→几何约束→水平。

（3）命令及提示。

命令：_GeomConstraint

输入约束类型

[水平（H）/竖直（V）/垂直（P）/平行（PA）/相切（T）/平滑（SM）/重合（C）/同心（CON）/共线（COL）/对称（S）/相等（E）/固定（F）]

<相切>：_Horizontal

选择对象或 [两点（2P）] <两点>：

例 6.16　练习使用水平约束命令，使图 6.32（a）中的两条直线与 X 轴平行，完成效果如图 6.32（b）所示。

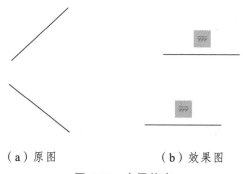

　　（a）原图　　　　　　　　　（b）效果图

图 6.32　水平约束

命令：_GeomConstraint

输入约束类型

[水平（H）/竖直（V）/垂直（P）/平行（PA）/相切（T）/平滑（SM）/重合（C）/同心（CON）/共线（COL）/对称（S）/相等（E）/固定（F）]

<相切>：_Horizontal

选择对象或 [两点（2P）] <两点>：

命令：

命令：_GeomConstraint

输入约束类型

[水平（H）/竖直（V）/垂直（P）/平行（PA）/相切（T）/平滑（SM）/重合（C）/同心（CON）/共线（COL）/对称（S）/相等（E）/固定（F）]

<水平>：_Horizontal

选择对象或 [两点（2P）] <两点>：

6.5.6　竖直约束（GEOMCONSTRAINT-V）

使直线或点对位于与当前坐标系的 Y 轴平行的位置。有效的对象或点：直线、多段线子对象、两个有效约束点。

（1）命令：GEOMCONSTRAINT-V。

（2）菜单：参数→几何约束→竖直。

（3）命令及提示。

命令：_GeomConstraint

输入约束类型

[水平（H）/竖直（V）/垂直（P）/平行（PA）/相切（T）/平滑（SM）/重合（C）/同心（CON）/共线（COL）/对称（S）/相等（E）/固定（F）]

<竖直>：_Vertical

选择对象或 [两点（2P）] <两点>：

例 6.17　练习使用竖直约束命令，使图 6.33（a）中的两条直线与 Y 轴平行，完成效果如图 6.33（b）所示。

（a）原图　　　　　　　（b）效果图

图 6.33　竖直约束

命令：_GeomConstraint

输入约束类型

[水平（H）/竖直（V）/垂直（P）/平行（PA）/相切（T）/平滑（SM）/重合（C）/同心（CON）/共线（COL）/对称（S）/相等（E）/固定（F）]

<竖直>：_Vertical

选择对象或 [两点（2P）] <两点>：

命令：

GEOMCONSTRAINT

输入约束类型

[水平（H）/竖直（V）/垂直（P）/平行（PA）/相切（T）/平滑（SM）/重合（C）/同心（CON）/共线（COL）/对称（S）/相等（E）/固定（F）]

<竖直>：

选择对象或 [两点（2P）] <两点>：

6.5.7　共线约束（GEOMCONSTRAINT-COL）

使两条或多条直线段沿同一直线方向。有效的对象或点：直线、多段线子对象。

（1）命令：GEOMCONSTRAINT-COL。

（2）菜单：参数→几何约束→共线。

（3）命令及提示。

命令：_GeomConstraint

输入约束类型

[水平（H）/竖直（V）/垂直（P）/平行（PA）/相切（T）/平滑（SM）/重合（C）/同心（CON）/共线（COL）/对称（S）/相等（E）/固定（F）]

<竖直>：_Collinear

选择第一个对象或 [多个（M）]：

选择第二个对象：

例 6.18　练习使用共线约束命令，使图 6.34（a）中的两条直线共线，完成效果如图 6.34（b）所示。

（a）原图　　　　　　　　（b）效果图

图 6.34　共线约束

命令：_GeomConstraint

输入约束类型

[水平（H）/竖直（V）/垂直（P）/平行（PA）/相切（T）/平滑（SM）/重合（C）/同心（CON）/共线（COL）/对称（S）/相等（E）/固定（F）]

<竖直>：_Collinear

选择第一个对象或 [多个（M）]：

选择第二个对象：

6.5.8　同心约束（GEOMCONSTRAINT-CON）

将两个圆弧、圆或椭圆约束到同一个中心点。结果与将重合约束应用于曲线的中心点所产生的结果相同。有效的对象或点有：圆、圆弧、多段圆弧或椭圆。

（1）命令：GEOMCONSTRAINT-CON。

（2）菜单：参数→几何约束→同心。

（3）命令及提示。

命令：_GeomConstraint

输入约束类型

[水平（H）/竖直（V）/垂直（P）/平行（PA）/相切（T）/平滑（SM）/重合（C）/同心（CON）/共线（COL）/对称（S）/相等（E）/固定（F）]

<共线>：_Concentric

选择第一个对象：

选择第二个对象：

例 6.19　练习使用同心约束命令，将图 6.35（a）中的两个圆同心，完成效果如图 6.35（b）所示。

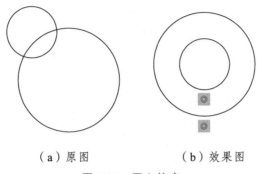

（a）原图　　　　　　（b）效果图

图 6.35　同心约束

命令：_GeomConstraint

输入约束类型

[水平（H）/竖直（V）/垂直（P）/平行（PA）/相切（T）/平滑（SM）/重合（C）/同心（CON）/共线（COL）/对称（S）/相等（E）/固定（F）]

<共线>：_Concentric

选择第一个对象：

选择第二个对象：

6.5.9　平滑约束（GEOMCONSTRAINT-SM）

平滑约束强制使一条样条曲线与其他样条曲线、直线、圆弧或多段线保持几何连续性。有效的对象或点：样条曲线、直线、多段线子对象、圆弧、多段圆弧。

（1）命令：GEOMCONSTRAINT-SM。

（2）菜单：参数→几何约束→平滑。

（3）命令及提示。

命令：_Geomconstraint

输入约束类型

[水平（H）/竖直（V）/垂直（P）/平行（PA）/相切（T）/平滑（SM）/重合（C）/同心（CON）/共线（COL）/对称（S）/相等（E）/固定（F）]

<平滑>：_Smooth

选择第一条样条曲线：

选择第二条曲线：

例 6.20　练习使用平滑约束命令，使图 6.36（a）的两条样条曲线平滑连接，效果如图 6.36（b）所示。

（a）原图　　　　　　　　　（b）效果图

图 6.36　平滑约束

命令：_Geomconstraint

输入约束类型

[水平（H）/竖直（V）/垂直（P）/平行（PA）/相切（T）/平滑（SM）/重合（C）/同心（CON）/共线（COL）/对称（S）/相等（E）/固定（F）]

<平滑>：_Smooth

选择第一条样条曲线：

选择第二条曲线：

6.5.10　对称约束（GEOMCONSTRAINT-S）

对称约束强制使对象上的两条曲线或两个点关于选定直线保持对称，使选定对象受对称约束，相对于选定直线对称。对于直线，将直线的角度设为对称（而非使其端点对称）。对于圆弧和圆，将其圆心和半径设为对称（而非使圆弧的端点对称）。

（1）命令：GEOMCONSTRAINT-S。

（2）菜单：参数→几何约束→对称。

（3）命令及提示。

命令：_GeomConstraint

输入约束类型

[水平（H）/竖直（V）/垂直（P）/平行（PA）/相切（T）/平滑（SM）/重合（C）/同心（CON）/共线（COL）/对称（S）/相等（E）/固定（F）]

<对称>：_Symmetric

选择第一个对象或 [两点（2P）] <两点>：

选择第二个对象：

选择对称直线：

例 6.21　练习使用对称约束命令，将图 6.37（a）中的斜线沿中间竖线对称约束，完成效果见图 6.37（b）。

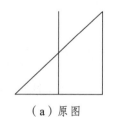
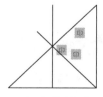

（a）原图　　　　　　　　　（b）效果图

图 6.37　对称约束

命令：_GeomConstraint

输入约束类型

[水平（H）/竖直（V）/垂直（P）/平行（PA）/相切（T）/平滑（SM）/重合（C）/同心（CON）/共线（COL）/对称（S）/相等（E）/固定（F）]

<对称>：_Symmetric

选择第一个对象或 [两点（2P）] <两点>：

选择第二个对象：

选择对称直线：

6.5.11　相等约束（GEOMCONSTRAINT-E）

将选定圆弧和圆的尺寸重新调整为半径相同，或将选定直线的尺寸重新调整为长度相同。有效的对象或点：直线、多段线子对象、圆弧、多段圆弧、圆。

（1）命令：GEOMCONSTRAINT-E。

（2）菜单：参数→几何约束→相等。

（3）命令及提示。

命令：_GeomConstraint

输入约束类型

[水平（H）/竖直（V）/垂直（P）/平行（PA）/相切（T）/平滑（SM）/重合（C）/同心（CON）/共线（COL）/对称（S）/相等（E）/固定（F）]

<相等>：_Equal

选择第一个对象或 [多个（M）]：

选择第二个对象：

例 6.22　练习使用相等约束命令，使图 6.38（a）中的两个圆相等，完成效果见图 6.38（b）。

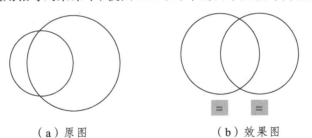

　（a）原图　　　　　　　（b）效果图

图 6.38　相等约束

命令：_GeomConstraint

输入约束类型

[水平（H）/竖直（V）/垂直（P）/平行（PA）/相切（T）/平滑（SM）/重合（C）/同心（CON）/共线（COL）/对称（S）/相等（E）/固定（F）]

<相等>：_Equal

选择第一个对象或 [多个（M）]：

选择第二个对象：

6.5.12 固定约束（GEOMCONSTRAINT-F）

固定约束使一个点或一条曲线固定到相对于世界坐标系（WCS）的指定位置和方向上，应用了固定约束的块时，指定的点将始终保持在相同的 WCS 坐标处。

（1）命令：GEOMCONSTRAINT-F。

（2）菜单：参数→几何约束→固定。

（3）命令及提示。

命令：_GeomConstraint

输入约束类型

[水平（H）/竖直（V）/垂直（P）/平行（PA）/相切（T）/平滑（SM）/重合（C）/同心（CON）/共线（COL）/对称（S）/相等（E）/固定（F）]

<相等>：_Fix

选择点或 [对象（O）] <对象>：

例 6.23 练习使用固定约束命令，将图 6.39（a）中矩形的上边固定约束，完成效果见图 6.39（b）。

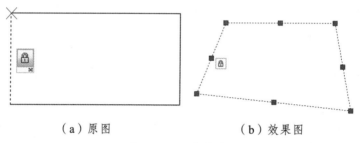

（a）原图　　　　　　　　　（b）效果图

图 6.39　固定约束

在本例中，已固定了矩形的顶部两个点。可以移动矩形的其余两个点，但是受约束的点将保持在原来位置。

命令：_GeomConstraint

输入约束类型

[水平（H）/竖直（V）/垂直（P）/平行（PA）/相切（T）/平滑（SM）/重合（C）/同心（CON）/共线（COL）/对称（S）/相等（E）/固定（F）]

<相等>：_Fix

选择点或 [对象（O）] <对象>：

** 拉伸 **

指定拉伸点或 [基点（B）/复制（C）/放弃（U）/退出（X）]：

命令：

** 拉伸 **

指定拉伸点或 [基点（B）/复制（C）/放弃（U）/退出（X）]：

第 7 章　AutoCAD 文字和尺寸标注命令

在工程设计中，图形只能表达物体的结构形状，而物体的真实大小和各部分的相对位置则必须通过标注尺寸才能确定。此外，图样中还要有必要的文字，如注释说明、技术要求以及标题栏等。尺寸、文字和图形一起表达完整的设计思想，在工程图样中起着非常重要的作用。

本章将介绍如何利用 AutoCAD 进行图样中尺寸、文字的标注和编辑。

7.1　文字

7.1.1　字体和字样

在工程图中，不同位置可能需要采用不同的字体，即使用同一种字体又可能需要采用不同的样式，如有的需要字大一些，有的需要字小一些，有的需要水平排列，有的需要垂直排列或倾斜一定角度排列等，这些效果可以通过定义不同的文字样式来实现。

1. 命令

命令行：STYLE。
菜单：格式→文字样式。
图标："文字"工具栏中。

2. 功能

定义和修改文字样式，设置当前样式，删除已有样式以及文字样式重命名。

3. 格式

命令：STYLE✓
打开"文字样式"对话框，如图 7.1 所示，从中可以选择字体，建立或修改文字样式（见图 7.2 和图 7.3 ）。

图 7.1　文字样式

图 7.2　文字格式

正常字体样式—山东工商学院　　　*倾斜30°—山东工商学院*

下上倒置—山东工商学院

颠倒古怪—山东工商学院　　　旋转30°—山东工商学院

宽度系数0.5—山东工商学院

垂直山东工商学院

图 7.3　文字演示

在"文字样式"对话框中，也可使用 AutoCAD 中文版提供的符合我国制图国家标准的长仿宋矢量字体。具体方法为：选中"使用大字体"前面的复选框，然后在"字体样式"下拉列表框中选取"gbcbig.shx"。

7.1.2　单行文字

1. 命令

命令行：TEXT 或 DTEXT。

菜单：绘图→文字→单行文字。

图标："文字"工具栏。

2. 功能

动态书写单行文字，在书写时所输入的字符动态显示在屏幕上，并用方框显示下一文字书写的位置。书写完一行文字后回车可继续输入另一行文字，利用此功能可创建多行文字，但是每一行文字为一个对象，可单独进行编辑修改。

3. 格式

命令：TEXT

指定文字的起点或 [对正（J）/样式（S）]：（点取一点作为文本的起始点）

指定高度<2.5000>：（确定字符的高度）

指定文字的旋转角度<0>：（确定文本行的倾斜角度）

输入文字：（输入文字内容）

输入文字：（输入下一行文字或直接回车）

参数：

（1）指定文字的起点：定义文本输入的起点，默认情况下对正点为左对齐。对齐和调整比较如图 7.4 所示。

（2）对正（J）：输入对正参数，出现不同的对正类型供选择，各种对正类型比较如图 7.4 所示。

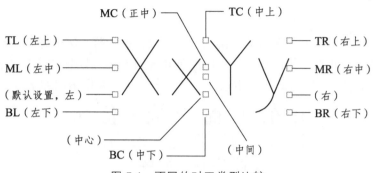

图 7.4　不同的对正类型比较

4. 文字输入中的特殊字符

在 AutoCAD 中有些字符是不方便通过标准键盘直接输入，这些字符为特殊字符。特殊字符主要包括：上划线、下划线、度符号"°"、直径符号"ϕ"、正负号"±"等。在多行文本输入文字时可以通过符号按钮或选项中的符号菜单来输入常用的符号。在单行文字输入中，必须采用特定的编码来进行。即通过输入控制代码或 Unicode 字符串可以输入一些特殊字符或符号。

表 7.1 列出了以上几种特殊字符的代码，其大小写通用。

表 7.1　特殊字符的代码

控制码	意义	输入实例	输出效果
%%o	文字上划线开关	%%oAB%%oCD	$\overline{AB}$CD
%%u	文字下划线开关	%%uAB%%uCD	$\underline{AB}$CD
%%d	度符号	45%%d	45°
%%p	正负公差符号	50%%p0.5	50±0.5
%%c	圆直径符号	%%c60	ϕ60

7.1.3　多行文字

允许在多行文字编辑器中创建多行文本，与 TEXT 命令创建的多行文本不同的是，前者所有文本行为一个对象，作为一个整体进行移动、复制、旋转、镜像等编辑操作。多行文本编辑器与 Windows 的文字处理程序类似，可以灵活方便地输入文字，不同的文字可以采用不同的字体和文字样式，而且支持 True Type 字体、扩展的字符格式（如粗体、斜体、下划线等）、特殊字符，并可实现堆叠效果以及查找和替换功能等。多行文本的宽度由屏幕上划定一个矩形框来确定，也可在多行文本编辑器中精确设置，文字书写到该宽度后自动换行。

1. 命令

命令行：MTEXT。

菜单：绘图→文字→多行文字。

图标："绘图"工具栏；

"文字"工具栏。

2. 功能

利用多行文字编辑器书写多行的段落文字，可以控制段落文字的宽度、对正方式，允许段落内文字采用不同字样、不同字高、不同颜色和排列方式，整个多行文字是一个对象。

图 7.5 为一个多行文字对象，其中包括 5 行文字，各行采用不同的字体、字样或字高。

山 东 工 商 学 院 - 仿 宋
山 东 工 商 学 院 - 宋 体
山 东 工 商 学 院 - 楷 体
山 东 工 商 学 院 - 黑 体
1234567890── gbeitc

图 7.5　各种字体展示

3. 特殊文本的编辑

"#"符号：选中含"#"符号的文本并单击"堆叠"按钮，则将"#"左边的文本设为分子，右边的文本设为分母，并采取斜排方式进行排列，如图 7.6（a）所示。

"^"符号：选中含"^"符号的文本并单击"堆叠"按钮，则将"^"左边的文本设为上标，右边的文本设为下标，如图 7.6（b）所示。

"/"符号：选中含"/"符号的文本并单击"堆叠"按钮，则将"/"左边的文本设置为分子，右边的文本设置为分母，并采取上下排列方式排列，如图 7.6（c）所示。

$$\frac{2}{5} \qquad\qquad 21^{+0.011}_{-0.013} \qquad\qquad \frac{H6}{I8}$$

（a）分数　　　　　（b）尺寸公差　　　　　（c）配合公差

图 7.6　特殊文本的编辑

单击按钮或在选项菜单中选择"符号"，弹出如图 7.7 所示的符号列表。从中可以选择需要的特殊符号。

单击符号列表最下方的"其他"，弹出如图 7.8 所示的"字符映射表"从中可以选择特殊符号插入。

图 7.7　符号列表　　　　　　　　图 7.8　字符映射表

7.1.4　文字的修改

1. 修改文字内容

（1）命令。

命令行：DDEDIT。

菜单：修改→对象→文字→编辑。

图标："文字"工具栏。

（2）功能。

修改已经绘制在图形中的文字内容。

（3）格式。

命令：DDEDIT

选择注释对象或 [放弃（U）]:

在此提示下选择想要修改的文字对象，之后打开"编辑文字"对话框，在其中的"文字"文本框中显示出所选的文本内容，可直接对其进行修改。

2. 修改文字大小

（1）命令。

命令行：SCALETEXT。

菜单：修改→对象→文字→比例。

图标："文字"工具栏。

（2）功能。

修改已经绘制在图形中的文字的大小。

（3）格式。

命令：SCALETEXT

选择对象：（指定欲缩放的文字）

输入缩放的基点选项

[现有（E）/左（L）/中心（C）/中间（M）/右（R）/左上（TL）/中上（TC）/右上（TR）/左中（ML）/正中（MC）/右中（MR）/左下（BL）/中下（BC）/右下（BR）] <现有>:（指定缩放的基点选项）

指定新高度或 [匹配对象（M）/缩放比例（S）] <2.5>:（指定新高度或缩放比例）

3. 一次修改文字的多个参数

（1）命令。

命令行：PROPERTIES。

菜单：修改→对象特性。

图标："标准"工具栏。

（2）功能。

修改文字对象的各项特性。

（3）格式。

命令：PROPERTIES✓

先选中需要编辑的文字对象，然后启动该命令，AutoCAD 将打开"特性"对话框（如图 7.9 所示），利用此对话框可以方便地修改文字对象的内容、样式、高度、颜色、线型、位置、角度等属性。

图 7.9　"特性"对话框

7.2　尺寸标注

AutoCAD 可标注图形尺寸，标注显示了对象的测量值，对象之间的距离、角度，或者特征点与指定原点的距离。在 AutoCAD 中提供了线性、半径和角度 3 种基本的标注类型，可以进行水平、垂直、对齐、旋转、坐标、基线或连续等标注。此外，还可以进行引线标注、公差标注，以及自定义粗糙度标注，标注的对象可以是二维图形或三维图形。

7.2.1　尺寸组成及尺寸标注规则

1. 尺寸组成

在工程制图中，一个完整的尺寸标注由尺寸界线、尺寸线、尺寸箭头和尺寸文本 4 部分组成。其具体的构成要素如图 7.10 所示。

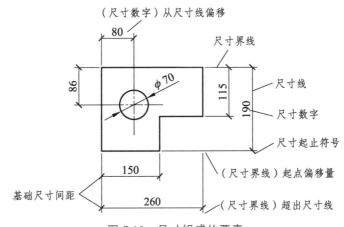

图 7.10　尺寸组成的要素

（1）尺寸文本：表明标注图形中的实际尺寸大小，通常位于尺寸线上方或中断处，在进行尺寸标注时，自动生产标注对象的尺寸数值，也可以对标注的文字进行修改、添加等编辑操作。

（2）尺寸线：用于表明标注的方向和范围。通常与所标注对象平行，放在两延伸线之间，一般情况下为直线，但在角度标注时，尺寸线呈圆弧形。

（3）尺寸箭头：标注符号显示在尺寸线的两端，用于指定标注的起始位置，默认使用闭合的填充箭头作为标注符号。此外，AutoCAD 还提供了多种箭头符号，以满足不同行业的需要。

（4）尺寸界限：也称为投影线，用于标注尺寸的界限，由图样中的轮廓线，轴线或对称中心线引出。标注时，延伸线从所标注的对象上自动延伸出来，它的端点与所标注的对象接近但并未连接到对象上。

（5）圆心标记和中心线：圆心标记是为圆和圆弧而设置的。

2. 尺寸标注的基本规则

（1）AutoCAD 中尺寸标的一般规则。

① 图形对象的大小以尺寸数值所表示的大小为准，与图线绘制的精度和输出时的精度无关。

② 一般情况下，采用毫米为单位时不需注写单位，否则应该明确注写尺寸所用单位。

③ 尺寸标注所用字符的大小和格式必须满足国家标准。在同一图形中，同一类终端应该相同，尺寸数字大小应该相同，尺寸线间隔应该相同。

④ 尺寸数字和图线重合时，必须将图线断开。

（2）AutoCAD 中尺寸标注的其他规则。

① 为尺寸标注建立专用的图层。建立专用的图层，可以控制尺寸的显示和隐藏，与其他的图线可以迅速分开，便于修改、浏览。

② 为尺寸文本建立专门的文字样式。对照国家标准，应该设定好字符的高度、宽度系数，倾斜角度等。

③ 设定好尺寸标注样式。按照我国的国家标准，创建系列尺寸标注样式，内容包括直线和终端、文字样式、调整对齐特性、单位、尺寸精度、公差格式和比例因子等。

④ 保存尺寸格式及其格式族，必要时使用替代标注样式。

⑤ 采用 1：1 的比例绘图。由于尺寸标注时可以让 AutoCAD 自动测量尺寸大小，所以采用 1：1 的比例绘图，绘图时无须换算，在标注尺寸时也无须再输入尺寸大小。

⑥ 标注尺寸时应该充分利用对象捕捉功能准确标注尺寸，可以获得正确的尺寸数值。尺寸标注为了便于修改，应该设定成关联的。

⑦ 在标注尺寸时，为了减少其他图线的干扰，应该将不必要的层关闭，如剖面线层等。

7.2.2　尺寸标注样式设置

1. 尺寸标注的一般步骤

（1）设置尺寸标注图层。

（2）设置供尺寸标注用的文字样式。

（3）设置尺寸标注样式。

（4）标注尺寸。

（5）设置尺寸公差样式。

（6）标注带公差尺寸。

（7）设置形位公差样式。

（8）标注形位公差。

（9）修改调整尺寸标注。

2. 尺寸标注格式

首先应该设定好符合国家标准的尺寸标注格式，然后再进行尺寸标注。启动尺寸样式设定的方法如下。

命令：DIMSTYLE，DDIM。

功能区：常用注释标注样式。

菜单：格式→标注样式；标注→标注样式。

"标注样式管理器"对话框如图 7.11 所示，其中各项含义如下。

（1）置为当前：将所选的样式置成当前的样式，在随后的标注中，将采用该样式标注尺寸。

（2）新建：新建一种标注样式。单击该按钮，将弹出图 7.12 所示的"创建标注样式"对话框。

（3）样式：列表显示了目前图形中定义的标注样式。

（4）列出：可以选择列出"所有样式"或只列出"正在使用的样式"。

（5）预览：图形显示设置的结果。

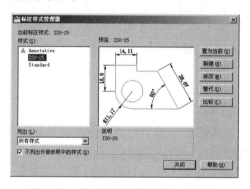

图 7.11 "标注样式管理器"对话框

可以在"新样式名"框中输入创建标注的名称；在"基础样式"的下拉列表框中可以选择一种已有的样式作为该新样式的基础样式；单击"用于"下拉列表框，可以选择该新样式适用于的标注类型，如图 7.13 所示。

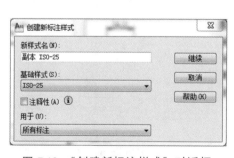

图 7.12 "创建新标注样式"对话框

图 7.13 用于类型列表

（6）修改按钮：修改选择的标注样式。单击该按钮后，将弹出类似图 7.14 标题为"修改标注样式"的对话框。

（7）替代按钮：为当前标注样式定义"替代标注样式"。在特殊的场合需要对某个细小的地方进行修改，而又不想创建一种新的样式，可以为该标注定义替代样式。

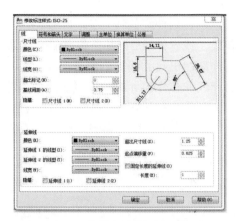

图 7.14　"修改标注样式"对话框

（8）比较按钮：列表显示两种样式设定的区别。如果没有区别，则显示尺寸变量值，否则显示两样式之间变量的区别，如图 7.15 所示。

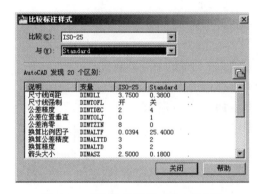

图 7.15　"比较标注样式"对话框

3. 线设置

（1）尺寸线。

① 颜色：通过下拉列表框选择尺寸线的颜色。

② 线型：设置尺寸线的线型。

③ 线宽：通过下拉列表框选择尺寸线的线宽。

④ 超出标记：设置当用斜线、建筑、积分和无标记作为尺寸终端时尺寸线超出延伸线的大小。

⑤ 基线间距：设定在基线标注方式下尺寸线之间的间距大小。可以直接输入，也可以通过上下箭头来增减。

⑥ 隐藏：可以在"尺寸线 1"和"尺寸线 2"两个复选框中选择是否隐藏尺寸线 1 和尺寸线 2。

（2）延伸线。

① 颜色：通过下拉列表框选择延伸线的颜色。

② 延伸线 1 的线型：设置延伸线 1 的线型。

③ 延伸线 2 的线型：设置延伸线 2 的线型。

④ 线宽：通过下拉列表框选择延伸线的线宽。

⑤ 隐藏：设定隐藏延伸线 1 或延伸线 2，甚至将它们全部隐藏。

⑥ 超出尺寸线：设定延伸线超出尺寸线部分的长度。

⑦ 起点偏移量：设定延伸线和标注尺寸时拾取点之间的偏移量。

⑧ 固定长度的延伸线：设置成长度固定的延伸线，在随后的长度编辑框中输入设定的长度值。

4. 符号和箭头设置

符号和箭头设置包括箭头、圆心标记、折断标注、弧长符号以及半径折弯标注和线性折弯标注。

（1）箭头。

① 第一个：设定第一个终端的形式。

② 第二个：设定第二个终端的形式。

③ 引线：设定指引线终端的形式。

④ 箭头大小：设定终端符号的大小。

（2）圆心标记。

控制圆心标记的类型为"无""标记"或"直线"。

标记后的大小：设定圆心标记的大小。

圆心标记的两种不同类型如图 7.16 所示。

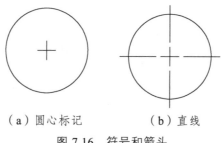

（a）圆心标记　　　　　　（b）直线

图 7.16　符号和箭头

（3）折断标注。

控制折断标注的间距宽度，在随后的编辑框中设定折断大小数值。

（4）弧长符号。

控制弧长标注中圆弧符号的显示，弧长符号放置位置如图 7.17 所示。

① 标注文字的前缀：将弧长符号放置在标注文字之前。

② 标注文字的上方：将弧长符号放置在标注文字的上方。

③ 无：不显示弧长符号。

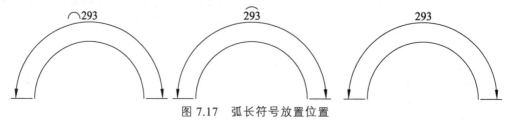

图 7.17　弧长符号放置位置

（5）半径折弯标注。

控制折弯（Z 字型）半径标注的显示。当中心点位于图纸之外不便于直接标注时，往往采用折弯半径标注标注的方法。

折弯角度：确定折弯半径标注中，尺寸线横向线段的角度。

（6）线性折弯标注。

控制线性标注折弯的显示。当标注不能精确表示实际尺寸时，通常将折弯线添加到线性标注中。

折弯高度因子：通过形成折弯的角度的两个顶点之间的距离确定折弯高度。

5．文字设置

文字的设定决定了标注样式中文字的形式，可以在"文字"选项卡中进行设置。"文字"选项卡如图 7.18 所示。

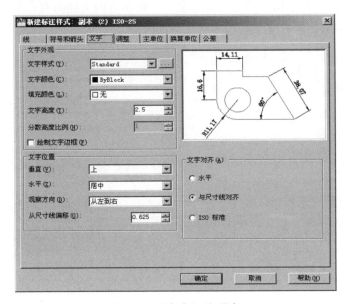

图 7.18　"文字"选项卡

（1）文字外观。

① 文字样式：设定注写尺寸时使用的文字样式。该样式必须通过文字样式设定命令设定好后才会出现在下拉列表框中。

② 文字颜色：设定文字的颜色。

③ 填充颜色：设置文字背景的颜色。

④ 文字高度：设定文字的高度。该高度值仅在选择的文字样式中文字高度设定为 0 才起作用。如果所选文字样式的高度不为 0，则尺寸标注中的文字高度即是文字样式中设定的固定高度。

⑤ 分数高度比例：用来设定分数和公差标注中分数和公差部分文字的高度。该值为一系数，具体的高度等于该系数和文字高度的乘积。

⑥ 绘制文字边框：该复选框控制是否在绘制文字时增加边框。

文字外观区各种设定的含义示例如图 7.19 所示。

(a) 高度比例为 1　　(b) 高度比例为 1.5　　(c) 绘制文字外框

图 7.19　文字外观示例

(2) 文字位置。

① 垂直：设置文字在垂直方向上的位置。可以选择置中、上方、外部或 JIS 位置。

② 水平：设置文字在水平方向上的位置。可以选择置中、第一条延伸线、第二条延伸线、第一条尺寸线上方、第二条尺寸线上方等位置。

③ 观察方向：控制标注文字的观察方向，"观察方向"包括以下选项。

从左到右：按从左到右阅读的方式放置文字，数字方向为朝向左、上。

从右到左：按从右到左阅读的方式放置文字，数字方向为朝向右、下。

④ 从尺寸线偏移：设置文字和尺寸线之间的间隔。

(3) 文字对齐。

① 水平：文字一律水平放置。

② 与尺寸线对齐：文字方向与尺寸线平行。

③ ISO 标准：当文字在延伸线内时，文字与尺寸线对齐；当文字在尺寸线外时，文字成水平放置。

文字对齐效果示例如图 7.20 所示。

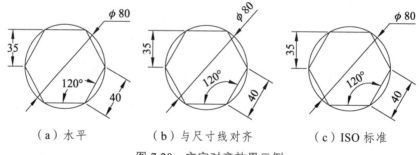

(a) 水平　　　　　(b) 与尺寸线对齐　　　　　(c) ISO 标准

图 7.20　文字对齐效果示例

6. 调整

利用"调整"选项卡，可以确定在尺寸线间距较小时文字、尺寸数字、箭头、尺寸线的注写方式。以及当文字不在默认位置时，注写在什么位置，是否要指引线。可以设定标注的特征比例。控制是否强制绘制尺寸线，是否可以手动放置文字等。"调整"选项卡如图 7.21 所示。

(1) 调整选项。

① 文字或箭头（最佳效果）：当延伸线之间空间不够放置文字和箭头时，AutoCAD 自动选择最佳放置效果，该项为默认设置。

② 箭头：当延伸线之间空间不够放置文字和箭头时，首先将箭头从尺寸线间移出去。

③ 文字：当延伸线之间空间不够放置文字和箭头时，首先将文字从尺寸线间移出去。

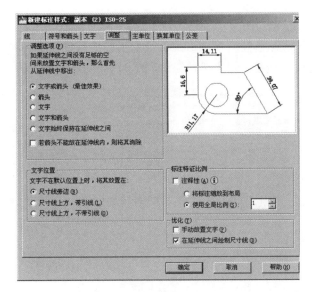

图 7.21　"调整"选项卡

④ 文字和箭头：当延伸线之间空间不够放置文字和箭头时，首先将文字和箭头从尺寸线间移出去。

⑤ 文字始终保持在延伸线之间：不论延伸线之间的空间是否足够放置文字和箭头，将文字始终保持在尺寸线之间。

⑥ 若箭头不能放在延伸线内，则将其消除：该复选框设定了当延伸线之间的空间不够放置文字和箭头时，将箭头消除。

图 7.22 是调整选项的不同设置效果示例。

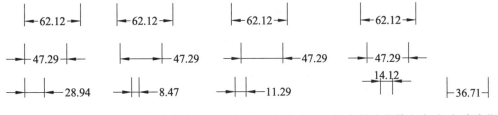

（a）首先移出箭头　（b）首先移出文字　（c）文字箭头　（d）始终保持文字（e）消除箭头
　　　　　　　　　　　　　　　　　　　　一起移出　　　　在尺寸界线之间

图 7.22　调整选项设置示例

（2）标注特征比例。

① 注释性：指定标注为注释性。

② 将标注缩放到布局：让 AutoCAD 按照当前模型空间视口和图纸空间的比例设置比例因子。

③ 使用全局比例：设置尺寸元素的比例因子，使之与当前图形的比例因子相符。

（3）优化。

① 手动放置文字：根据需要，手动放置文字。

② 在延伸线之间绘制尺寸线：不论延伸线之间空间如何，强制在延伸线之间绘制尺寸线。

7. 主单位设置

标注尺寸时，可以选择不同的单位格式，设置不同的精度位数，控制前缀、后缀，设置角度单位格式等，这些均可通过"主单位"选项卡进行，如图 7.23 示。

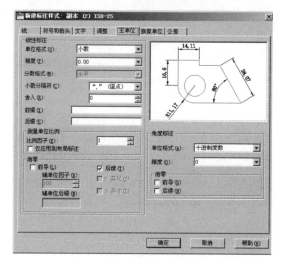

图 7.23 "主单位"选项卡

（1）线性标注。

① 单位格式：设置除角度外标注类型的单位格式。

② 精度：设置精度位数。

③ 分数格式：在单位格式为分数时有效，设置分数的堆叠格式。

④ 小数分隔符：设置小数部分和整数部分的分隔符。

⑤ 舍入：设定小数精确位数，将超出位数的小数舍去。

⑥ 前缀：用于设置增加在数字前的字符。

⑦ 后缀：用于设置增加在数字后的字符。

⑧ 测量单位比例：设置单位比例并可以控制该比例是否仅应用到布局标注中。"比例因子"设定了除角度外的所有标注测量值的比例因子。

⑨ 消零：控制前导和后续零以及英尺和英寸中的零是否显示。

⑩ 辅单位因子：将辅单位的数量设置为一个单位。它用于在距离小于一个单位时以辅单位为单位计算标注距离。

⑪ 辅单位后缀：在标注文字辅单位中包含后缀，可以输入文字或使用控制代码显示特殊符号。

（2）角度标注。

① 单位格式：设置角度的单位格式。可供选择项有十进制度数、度/分/秒、百分度和弧度。

② 精度：设置角度精度位数。

③ 消零：设置是否显示前导和后续零。

图 7.24 为"主单位"选项卡的部分设定效果示例。

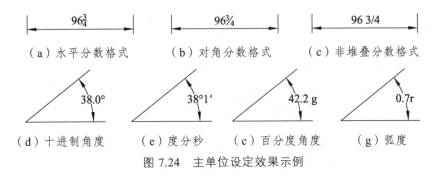

图 7.24　主单位设定效果示例

8. 换算单位设置

（1）显示换算单位：控制是否显示经换算后标注文字的值。只有选中了该复选框，以下的各项设置才有效。

（2）换算单位：通过和其他选项卡相近的设置来控制换算单位的格式、精度、舍入精度、前缀、后缀，并可以设置换算单位乘法器。该乘法器即主单位和换算单位之间的比例因子。如主单位为公制的毫米，换算单位为英制，则其间的换算乘法器应该是 1/25.4，即 0.039 370 07。标注尺寸为 100，精度为 0.1 时，结果为 100[3.9]。

（3）消零：和其他选项卡中的含义相同，控制是否显示前导和后续零以及英尺和英寸零。

（4）位置：设定换算后的数值放置在主值的后面或前面。

9. 尺寸公差设置

尺寸公差是需要经常标注的内容，尤其在机械图中，公差是必不可少的。要标注公差，首先应在"公差"选项卡中进行相应的设置，"公差"选项卡如图 7.25 所示。

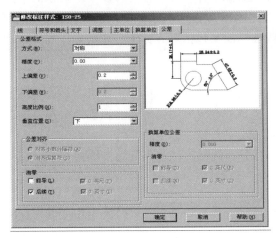

图 7.25　"公差"选项卡

（1）公差格式。

① 方式：设定公差标注方式。包含无、对称、极限偏差、极限尺寸和基本尺寸等标注方式。

② 精度：设置公差精度位数。

③ 上偏差：设置公差的上偏差。

④ 下偏差：设置公差的下偏差。对于对称公差，无下偏差设置。
⑤ 高度比例：设置公差相对于尺寸的高度比例。
⑥ 垂直位置：控制公差在垂直位置上和尺寸的对齐方式。
⑦ 消零：设置是否显示前导和后续零以及英尺和英寸零。
"公差"选项卡中的部分设定效果示例如图 7.26 所示。

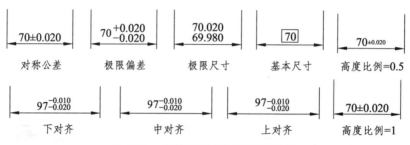

图 7.26　公差选项卡设定效果示例

（2）换算单位公差。
① 精度：设置换算单位公差精度位数。
② 消零：设置是否显示换算单位公差的前导和后续零。

7.2.3　尺寸标注命令

通过本节的学习用户将学会理解标注术语、创建新的标注样式、放置标注、根据需要合理使用各种标注、编辑标注的文字等内容。标注可以显示对象的形位测量值、对象之间的距离或角度，以及特征的 X 坐标和 Y 坐标。AutoCAD 提供了三种基本类型的标注：线性标注、半径标注和角度标注。线性标注又包括对齐标注、转角标注和坐标标注。

1. 线性尺寸标注（DIMLINEAR）

线性尺寸指两点之间的水平或垂直距离尺寸，也可以是旋转一定角度的直线尺寸。定义两点可以通过指定两点、选择一直线或圆弧等能够识别两个端点的对象来确定。

（1）命令：DIMLINEAR。
（2）功能区：常用→注释→线性、注释→标注→线性。
（3）菜单：标注（N）→线性（L）。
（4）工具栏：标注→线性。
（5）命令及提示。
命令：_dimlinear
指定第一条延伸线原点或<选择对象>：
指定第二条延伸线原点：
指定尺寸线位置或[多行文字（M）/文字（T）/角度（A）/水平（H）/垂直（V）/旋转（R）]：
命令：_dimlinear
指定第一条延伸线原点或<选择对象>：
选择标注对象：

指定尺寸线位置或[多行文字（M）/文字（T）/角度（A）/水平（H）/垂直（V）/旋转（R）]:

（6）参数。

① 指定第一条延伸线原点：定义第一条延伸线的位置，如果直接回车，则出现选择对象的提示。

② 指定第二条延伸线原点：在定义了第一条延伸线原点后，定义第二条延伸线的位置。

③ 选择对象：选择对象来定义线性尺寸的大小。

④ 指定尺寸线位置：定义尺寸线的位置。

⑤ 多行文字（M）：打开多行文字编辑器，可以通过多行文字编辑器来编辑注写的文字。测量的数值用"< >"来表示，可以将其删除也可以在其前后增加其他文字。

⑥ 文字（T）：在命令提示下，自定义标注文字。生成的标注测量值显示在尖括号中。

⑦ 角度（A）：设定文字的倾斜角度。

⑧ 水平（H）：强制标注两点间的水平尺寸，否则，AutoCAD 通过尺寸线的位置来决定标注水平尺寸或垂直尺寸。

⑨ 垂直（V）：强制标注两点间的垂直尺寸，否则，由 AutoCAD 根据尺寸线的位置来决定标注水平尺寸或垂直尺寸。

⑩ 旋转（R）：设定一旋转角度来标注该方向的尺寸。

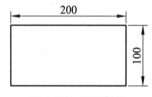

例 7.1　练习标注图 7.27 所示矩形。

命令：_dimlinear

指定第一条延伸线原点或 <选择对象>:

指定第二条延伸线原点:

指定尺寸线位置或

[多行文字（M）/文字（T）/角度（A）/水平（H）/垂直（V）/旋转（R）]:

标注文字 = 200

命令:

命令：_dimlinear

指定第一条延伸线原点或 <选择对象>:

指定第二条延伸线原点:

指定尺寸线位置或

[多行文字（M）/文字（T）/角度（A）/水平（H）/垂直（V）/旋转（R）]:

标注文字 = 100

图 7.27　矩形标注

2. 对齐尺寸标注（DIMALIGNED）

对于倾斜的线性尺寸，可以通过对齐尺寸标注自动获取其大小进行平行标注。

（1）命令：DIMALIGNED。

（2）功能区：常用→注释→对齐；注释→标注→对齐。

（3）菜单：标注→对齐。

（4）工具栏：标注→对齐。

（5）命令及提示。

命令：_dimaligned

指定第一条延伸线原点或<选择对象>：

选择标注对象：

指定尺寸线位置或[多行文字（M）/文字（T）/角度（A）]：

（6）参数。

① 指定第一条延伸线原点：定义第一条延伸线的起点。

② 指定第二条延伸线原点：如果定义了第一条延伸线的起点，则要求定义第二条延伸线的起点。

③ 选择标注对象：如果不定义第一条延伸线原点，则选择标注的对象来确定两条延伸线。

④ 指定尺寸线位置：定义尺寸线的位置。

⑤ 多行文字（M）：通过多行文字编辑器输入文字。

⑥ 文字（T）：输入单行文字。

⑦ 角度（A）：定义文字的旋转角度。

例 7.2 采用对齐尺寸标注方式标注图 7.28 所示边长。

命令：_dimaligned

指定第一条延伸线原点或 <选择对象>：

指定第二条延伸线原点：

指定尺寸线位置或

[多行文字（M）/文字（T）/角度（A）]：

标注文字 = 10

命令：

命令：_dimaligned

指定第一条延伸线原点或 <选择对象>：

指定第二条延伸线原点：

指定尺寸线位置或

[多行文字（M）/文字（T）/角度（A）]：

标注文字 = 10

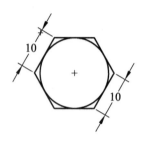

图 7.28　对齐尺寸标注示例

3. 连续标注（DIMCONTINUE）

对于首尾相连排成一排的连续尺寸，可以进行连续标注，无须手动点取其基点位置。

（1）命令：DIMCONTINUE。

（2）功能区：注释→标注→连续。

（3）菜单：标注→连续。

（4）工具栏：标注→连续。

（5）命令及提示。

命令：_dimcontinue

选择连续标注：需要线性、坐标或角度关联标注。

指定第二条延伸线原点或 [放弃（U）/选择（S）] <选择>：

指定点坐标或 [放弃（U）/选择（S）] <选择>：

（6）参数。

① 选择连续标注：选择以线性标注、坐标标注或角度标注为连续标注的基准标注。如果上一个标注为以上几种标注，则不出现该提示，自动以上一个标注为基准标注。否则，应先进行一次符合要求的标注。

② 指定第二条延伸线原点：定义连续标注中第二条延伸线，第一条延伸线由标注基准确定。

③ 放弃（U）：放弃上一个连续标注。

④ 选择（S）：重新选择一线性尺寸或角度标注为连续标注的基准。

⑤ 指定点坐标：如果选择了坐标标注，则出现该提示，要求指定点坐标。该选项效果相当于连续输入坐标标注命令 DIMORDINATE。

例 7.3 对图 7.29 中的图形进行连续标注。

命令：_dimlinear

指定第一条延伸线原点或 <选择对象>：

指定第二条延伸线原点：

指定尺寸线位置或

[多行文字（M）/文字（T）/角度（A）/水平（H）/垂直（V）/旋转（R）]：

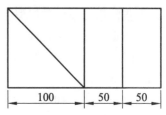

图 7.29 连续标注

标注文字 = 100

命令：

命令：_dimcontinue

指定第二条延伸线原点或 [放弃（U）/选择（S）] <选择>：

标注文字 = 50

指定第二条延伸线原点或 [放弃（U）/选择（S）] <选择>：

标注文字 = 50

指定第二条延伸线原点或 [放弃（U）/选择（S）] <选择>：

选择连续标注：

4. 基线尺寸标注（DIMBASELINE）

对于从一条延伸线出发的基线尺寸标注，可以快速进行标注，无需手动设置两条尺寸线之间的间隔。

（1）命令：DIMBASELINE。

（2）功能区：注释→标注→基线。

（3）菜单：标注→基线。

（4）工具栏：标注→基线。

（5）命令及提示。

命令：_dimbaseline

选择基准标注：需要线性、坐标或角度关联标注。

指定第二条延伸线原点或 [放弃（U）/选择（S）] <选择>：

指定点坐标或 [放弃（U）/选择（S）] <选择>：

（6）参数。

① 选择基准标注：选择基线标注的基准标注，后面的尺寸以此为基准进行标注。

② 指定第二条延伸线原点：定义第二条延伸线的位置，第一条延伸线由基准确定。

③ 放弃（U）：放弃上一个基线尺寸标注。

④ 选择（S）：选择基线标注基准。

⑤ 指定点坐标：如果选择了坐标标注，则出现该提示，要求指定点坐标。该选项同样相当于连续输入坐标标注命令 DIMORDINATE。

例 7.4 采用基线标注方式标注图 7.30 中的尺寸。

命令：_dimlinear

指定第一条延伸线原点或 <选择对象>：

指定第二条延伸线原点：

指定尺寸线位置或

[多行文字（M）/文字（T）/角度（A）/水平（H）/垂直（V）/旋转（R）]：

标注文字 = 100

命令：

命令：_dimbaseline

指定第二条延伸线原点或 [放弃（U）/选择（S）] <选择>：

标注文字 = 150

指定第二条延伸线原点或 [放弃（U）/选择（S）] <选择>：

标注文字 = 200

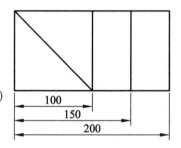

图 7.30　基线标注

5. 圆心标记（DIMCENTER）

一般情况下是先定圆和圆弧的圆心位置再绘制圆或圆弧，但有时却是先有圆或圆弧再标记其圆心，如用 TTR 或 TTT 等方式绘制的圆。

（1）命令：DIMCENTER。

（2）功能区：注释→标注→圆心标记。

（3）菜单：标注→圆心标记。

（4）工具栏：标注→圆心标记。

（5）命令及提示。

命令：_dimcenter

选择圆弧或圆：

（6）参数。

选择圆弧或圆：选择标记的圆或圆弧。

圆心标注的效果图见图 7.31。

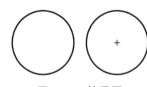

图 7.31　效果图

6. 半径尺寸标注（DIMRADIUS）

对于半径尺寸，AutoCAD 可以自动获取其半径大小进行标注，并且自动增加半径符号"R"。

（1）命令：DIMRADIUS。

（2）功能区：常用→注释→半径，注释→标注→半径。

（3）菜单：标注→半径。

（4）工具栏：标注→半径。

（5）命令及提示。

命令：_dimradius

选择圆弧或圆：

标注文字 =××

指定尺寸线位置或 [多行文字（M）/文字（T）/角度（A）]:

（6）参数。

① 选择圆或圆弧：选择标注半径的对象。

② 指定尺寸线位置：定义尺寸线的位置，尺寸线通过圆心。确定尺寸线的位置的拾取点对文字的位置有影响，和尺寸样式对话框中文字、直线、箭头的设置有关。

③ 多行文字（M）：通过多行文字编辑器输入标注文字。

④ 文字（T）：输入单行文字。

⑤ 角度（A）：定义文字旋转角度。

例 7.5　标注图 7.32 中同心圆的半径。

命令：_dimradius

选择圆弧或圆：

标注文字 = 20

指定尺寸线位置或 [多行文字（M）/文字（T）/角度（A）]:

命令：

命令：_dimradius

选择圆弧或圆：

标注文字 = 44

指定尺寸线位置或 [多行文字（M）/文字（T）/角度（A）]:

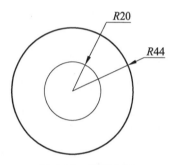

图 7.32　半径标注

7. 直径尺寸标注（DIMDIAMETER）

对于直径尺寸，可以通过直径尺寸标注命令直接进行标注，AutoCAD 自动增加直径符号"ϕ"。

（1）命令：DIMDIAMETER。

（2）功能区：常用→注释→直径，注释→标注→直径。

（3）菜单：标注→直径。

（4）工具栏：标注→直径。

（5）命令及提示。

命令：_dimdiameter

选择圆弧或圆：

标注文字=××

指定尺寸线位置或 [多行文字（M）/文字（T）/角度（A）]:

（6）参数。

① 选择圆或圆弧：选择标注直径的对象。

② 指定尺寸线位置：定义尺寸线的位置，尺寸线通过圆心。确定尺寸线的位置的拾取点对文字的位置有影响，和尺寸样式对话框中文字、直线、箭头的设置有关。

③ 多行文字（M）：通过多行文字编辑器输入标注文字。

④ 文字（T）：输入单行文字。

⑤ 角度（A）：定义文字旋转角度。

例 7.6 标注图 7.33 中圆和圆弧的直径。

命令：_dimdiameter

选择圆弧或圆：

标注文字 = 40

指定尺寸线位置或 [多行文字（M）/文字（T）/角度（A）]：

命令：

命令：_dimdiameter

选择圆弧或圆：

标注文字 = 87

指定尺寸线位置或 [多行文字（M）/文字（T）/角度（A）]：

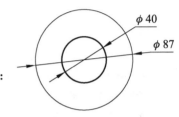

图 7.33　直径标注

8. 角度标注（DIMANGULAR）

对于不平行的两条直线、圆弧或圆以及指定的三个点，AutoCAD 可以自动测量它们的角度并进行角度标注。

（1）命令：DIMANGULAR。

（2）功能区：常用→注释→角度、注释→标注→角度。

（3）菜单：标注→角度。

（4）工具栏：标注→角度。

（5）命令及提示。

命令：_dimangular

选择圆弧、圆、直线或<指定顶点>：

指定角的顶点：

指定角的第一个端点：

指定角的第二个端点：

选择第二条直线：

指定标注弧线位置或 [多行文字（M）/文字（T）/角度（A）]：

（6）参数。

① 选择圆弧、圆、直线：选择角度标注的对象。

② 指定顶点：指定角度的顶点和两个端点来确定角度。

③ 指定角的第二个端点：如果选择了圆，则出现该提示。角度以圆心为顶点，以选择圆弧时的拾取点为第一个端点，此时指定第二个端点自动标注处大小。

④ 指定标注弧线位置：定义圆弧尺寸线摆放位置。

⑤ 多行文字（M）：打开多行文字编辑器，可以通过多行文字编辑器来编辑注写的文字。

测量的数值用"< >"来表示，可以将其删除也可以在其前后增加其他文字。

⑥ 文字（T）：进行单行文字输入。测量值同样在"< >"中。

⑦ 角度（A）：设定文字的倾斜角度。

例 7.7　标注图 7.34 中图形的角度。

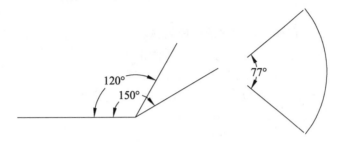

图 7.34　角度标注

命令：_dimangular

选择圆弧、圆、直线或 <指定顶点>：

选择第二条直线：

指定标注弧线位置或 [多行文字（M）/文字（T）/角度（A）/象限点（Q）]：

标注文字 = 150

命令：

命令：_dimangular

选择圆弧、圆、直线或 <指定顶点>：

选择第二条直线：

指定标注弧线位置或 [多行文字（M）/文字（T）/角度（A）/象限点（Q）]：

标注文字 = 120

命令：_dimangular

选择圆弧、圆、直线或 <指定顶点>：

指定标注弧线位置或 [多行文字（M）/文字（T）/角度（A）/象限点（Q）]：

标注文字 = 77

9. 折弯标注（DIMJOGGED）

在图形中经常碰到有些弧或圆半径很大，圆心超出了图纸范围。此时进行半径标注时，往往要采用折弯标注的方法。AutoCAD 提供了折弯标注的简便方法。

（1）命令：DIMJOGGED。

（2）功能区：常用→注释→折弯，注释→标注→折弯。

（3）菜单：标注→折弯。

（4）工具栏：标注→折弯。

（5）命令及提示。

命令：_dimjogged

选择圆弧或圆：

指定中心位置替代：

标注文字 = × ×

指定尺寸线位置或 [多行文字（M）/文字（T）/角度（A）]：

指定折弯位置：

（6）参数。

① 选择圆弧或圆：选择需要标注的圆或圆弧。

② 指定中心位置替代：指定一个点以便取代正常半径标注的圆心。

③ 指定尺寸线位置：指定尺寸线摆放的位置。

④ 多行文字（M）：打开在位文字编辑器，输入多行文本。

⑤ 文字（T）：在命令行输入标注的单行文本。

⑥ 角度（A）：设置标注文字的角度。

⑦ 指定折弯位置：指定折弯的中点。

10. 坐标标注（DIMORDINATE）

坐标标注是从一个公共基点出发，标注指定点相对于基点的偏移量的标注方法。坐标标注不带尺寸线，有一条延伸线和文字引线。

进行坐标标注时其基点即当前 UCS 的坐标原点。所以在进行坐标标注之前，应该设定基点为坐标原点。

（1）命令：DIMORDINATE。

（2）功能区：常用→注释→坐标，注释→标注→坐标。

（3）菜单：标注→坐标。

（4）工具栏：标注→坐标。

（5）命令及提示。

命令：_dimordinate

指定点坐标：

指定引线端点或 [X 基准（X）/Y 基准（Y）/多行文字（M）/文字（T）/角度（A）]：

标注文字=× ×

（6）参数。

① 指定点坐标：指定需要标注坐标的点。

② 指定引线端点：指定坐标标注中引线的端点。

③ X 基准（X）：强制标注 X 坐标。

④ Y 基准（Y）：强制标注 Y 坐标。

⑤ 多行文字（M）：通过多行文字编辑器输入文字。

⑥ 文字（T）：输入单行文字。

⑦ 角度（A）：指定文字旋转角度。

例 7.8 用坐标标注图 7.35 中的圆孔位置，左下角设定为坐标原点。

（1）为了使最终的坐标对齐在一条直线上，绘制对齐坐标用的辅助直线 A 和 B。

（2）坐标标注必须相对于本身的某点测量坐标大小，通过 UCS 命令将坐标原点设定在 C 点。

（3）标注坐标时为了快速捕捉到指定点和辅助线上的垂足，打开对象捕捉，设定端点、垂足捕捉方式。

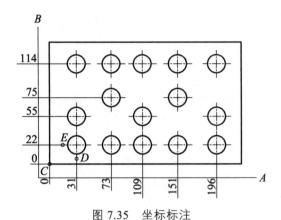

图 7.35　坐标标注

（4）进行坐标标注。

命令：_dimordinate

指定点坐标：

指定引线端点或 [X 基准（X）/Y 基准（Y）/多行文字（M）/文字（T）/角度（A）]:

标注文字 =0

命令：_dimordinate

指定点坐标：

用同样的方法标注其他坐标 73、109、151、196。

命令：_dimordinate

指定点坐标：

指定引线端点或 [X 坐标（X）/Y 坐标（Y）/多行文字（M）/文字（T）/角度（A）]:

标注文字 =0

命令：_dimordinate

指定点坐标：

指定引线端点或 [X 坐标（X）/Y 坐标（Y）/多行文字（M）/文字（T）/角度（A）]:

标注文字 =22

用同样的方法标注其他坐标 55、75、114，结果如图 7.35 所示。

（5）删除辅助线 A，B。

11. 弧长标注（DIMARC）

AutoCAD 可以自动测量弧的长度并进行标注。

（1）命令：DIMARC。

（2）功能区：常用→注释→弧长，注释→标注→弧长。

（3）菜单：标注→弧长。

（4）工具栏：标注→弧长。

（5）命令及提示。

命令：_dimarc

选择弧线段或多段线弧线段：

指定弧长标注位置或 [多行文字（M）/文字（T）/角度（A）/部分（P）/引线（L）]：

指定弧长标注的第一个点：

指定弧长标注的第二个点：

标注文字 = × ×

指定弧长标注位置或 [多行文字（M）/文字（T）/角度（A）/部分（P）/引线（L）]：

指定弧长标注位置或 [多行文字（M）/文字（T）/角度（A）/部分（P）/无引线（N）]：

（6）参数。

① 选择弧线段或多段线弧线段：选择要标注的弧线段。

② 指定弧长标注位置：拾取标注的弧长数字位置。

③ 多行文字（M）：打开在位文字编辑器，输入多行文本。

④ 文字（T）：在命令行输入标注的单行文本。

⑤ 角度（A）：设置标注文字的角度。

⑥ 部分（P）：缩短弧长标注的长度，即只标注圆弧中的部分弧线的长度。

⑦ 指定弧长标注的第一个点：设定标注圆弧的起点。

⑧ 指定弧长标注的第二个点：设定标注圆弧的终点。

⑨ 引线（L）：添加引线对象。仅当圆弧（或圆弧段）大于 90°时才会显示此选项。引线是按径向绘制的，指向所标注圆弧的圆心。

例 7.9 对图 7.36 中的弧进行标注，其中有部分弧长需要单独进行标注。

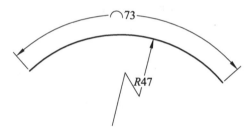

图 7.36 弧长标注示例

命令：_dimarc

选择弧线段或多段线圆弧段：

指定弧长标注位置或 [多行文字（M）/文字（T）/角度（A）/部分（P）/引线（L）]：

标注文字 = 73

命令：

命令：_dimjogged

选择圆弧或圆：

指定图示中心位置：

标注文字 = 47

指定尺寸线位置或 [多行文字（M）/文字（T）/角度（A）]：

指定折弯位置：

12. 快速尺寸标注 QDIM

快速尺寸标注可以在一个命令下对多个同样的尺寸（如直径、半径、基线、连续、坐标等）进行标注。对坐标标注，能自动对齐坐标位置。

（1）命令：QDIM。

（2）功能区：注释→标注→快速标注。

（3）菜单：标注→快速标注。

（4）工具栏：标注→快速标注。

（5）命令及提示。

命令：_qdim

选择要标注的几何图形：

指定尺寸线位置或 [连续（C）/并列（S）/基线（B）/坐标（O）/半径（R）/直径（D）/基准点（P）/编辑（E）/设置（T）] <半径>：T

关联标注优先级 [端点（E）/交点（I）] <端点>：

指定尺寸线位置或 [连续（C）/并列（S）/基线（B）/坐标（O）/半径（R）/直径（D）/基准点（P）/编辑（E）/设置（T）] <半径>：E

指定要删除的标注点或 [添加（A）/退出（X）] <退出>：

（6）参数。

① 选择要标注的几何图形：选择对象用于快速标注尺寸。

② 指定尺寸线位置：定义尺寸线的位置。

③ 连续（C）：采用连续方式标注所选图形。

④ 并列（S）：采用并列方式标注所选图形。

⑤ 基线（B）：采用基线方式标注所选图形。

⑥ 坐标（O）：采用坐标方式标注所选图形。

⑦ 半径（R）：对所选圆或圆弧标注半径。

⑧ 直径（D）：对所选圆或圆弧标注直径。

⑨ 基准点（P）：设定坐标标注或基线标注的基准点。

⑩ 编辑（E）：对标注点进行编辑。

⑪ 指定要删除的标注点：删除标注点，否则由 AutoCAD 自动设定标注点。

⑫ 添加（A）：添加标注点，否则由 AutoCAD 自动设定标注点。

⑬ 退出（X）：退出编辑提示，返回上一级提示。

⑭ 设置（T）：为指定延伸线原点设置默认对象捕捉。

⑮ 端点（E）：将关联标注优先级设置为端点。

⑯ 交点（I）：将关联标注优先级设置为交点。

例 7.10　用快速尺寸标注标注图 7.37。

命令：_qdim

关联标注优先级 = 端点

选择要标注的几何图形：指定对角点：找到 6 个

选择要标注的几何图形：

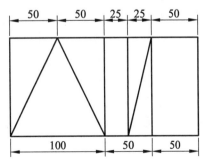

图 7.37　快速尺寸标注

指定尺寸线位置或 [连续（C）/并列（S）/基线（B）/坐标（O）/半径（R）/直径（D）/基准点（P）/编辑（E）/设置（T）] <连续>：

命令：_qdim

关联标注优先级 = 端点

选择要标注的几何图形：指定对角点：找到 5 个

选择要标注的几何图形：

指定尺寸线位置或 [连续（C）/并列（S）/基线（B）/坐标（O）/半径（R）/直径（D）/基准点（P）/编辑（E）/设置（T）] <连续>：

13. 多重引线标注 MLEADER

使用多重引线标注，首先应该设置多重引线样式。

（1）命令：MLEADERSTYLE。

（2）功能区：注释→引线→多重引线样式。

（3）菜单：格式→多重引线样式。

（4）工具栏：多重引线→多重引线样式，样式→多重引线样式。

执行该命令后，弹出图 7.38 所示的"多重引线样式管理器"对话框。

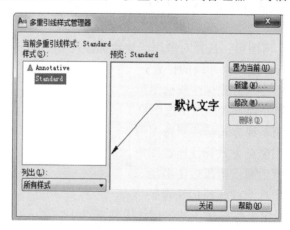

图 7.38 "多重引线样式管理器"对话框

该对话框中包括样式、预览、置为当前、新建、修改、删除等内容。

① 当前多重引线样式：显示应用于所创建的多重引线的多重引线样式的名称。

② 样式：显示多重引线样式列表。高亮显示当前样式。

③ 列出：过滤"样式"列表的内容。如选择"所有样式"，则显示图形中可用的所有多重引线样式。如选择"正在使用的样式"，仅显示当前图形中正使用的多重引线样式。

④ 预览：显示"样式"列表中选定样式的预览图像。

⑤ 置为当前：将"样式"列表中选定的多重引线样式设置为当前样式。随后的新的多重引线都将使用此多重引线样式进行创建。

⑥ 新建：定义新多重引线样式，单击后弹出"创建新多重引线样式"对话框，如图 7.39 所示。

⑦ 单击继续，则弹出"修改多重引线样式"对话框，如图 7.40 所示。该对话框包括了

引线格式、引线结构、内容 3 个选项卡。

图 7.39　"创建新多重引线样式"对话框　　　图 7.40　"修改多重引线样式"对话框

　　a. 引线格式：在引线格式中，可设置引线的类型（直线、样条曲线、无）、引线的颜色、引线的线型、线的宽度等属性。还可以设置箭头的形式、大小，以及控制将折断标注添加到多重引线时使用的大小设置。

　　b. 引线结构：控制多重引线的约束，包括引线中最大点数、两点的角度，自包含基线、基线间距，并通过比例控制多重引线的缩放，如图 7.41 所示。

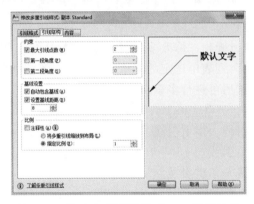

图 7.41　修改多重引线样式 —— 引线结构

　　c. 内容：如图 7.42 所示修改多重引线的内容。多重引线的类型包括：多行文字、块、无。

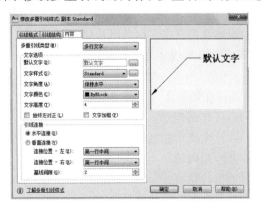

图 7.42　修改多重引线样式 —— 内容（多行文字）

如果选择了"多行文字",则下方可以设置文字的各种属性,如默认文字内容、文字样式、文字角度、文字颜色、文字高度、文字对正方式,是否文字加框;以及设置引线连接的特性,包括是水平连接或垂直连接、连接位置、基线间隙等。如选择了"块",如图 7.43 所示,提示设置块源,包括提供的 5 种,也可以选择自定义的块。

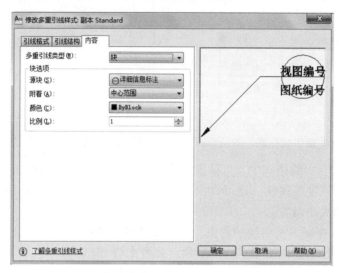

图 7.43　修改多重引线格式 ——内容（块）

⑧ 修改：单击该按钮,弹出"修改多重引线样式"对话框,供修改多重引线样式。

⑨ 删除：删除"样式"列表中选定的多重引线样式,不能删除图形中正在使用的样式。完成多重引线样式设置后可进行多重引线标注。

（1）命令：MLEADER。

（2）功能区：注释→引线→多重引线。

（3）菜单：格式→多重引线。

（4）工具栏：多重引线→多重引线。

（5）命令及提示。

命令：_mleader

指定引线箭头的位置或 [引线基线优先（L）/内容优先（C）/选项（O）]〈选项〉：

输入选项 [引线类型（L）/引线基线（A）/内容类型（C）/最大节点数（M）/第一个角度（F）/第二个角度（S）/退出选项（X）]<退出选项>：

指定引线箭头的位置或 [引线基线优先（L）/内容优先（C）/选项（O）]<选项>：

（6）参数。

① 指定引线箭头的位置：在图形上定义箭头的起始点。

② 引线箭头优先（H）：首先确定箭头。

③ 引线基线优先（L）：首先确定基线。

④ 内容优先（C）：首先绘制内容

⑤ 选项（O）：设置多重引线格式。

⑥ 指定引线基线的位置：确定引线基线的位置。

⑦ 指定文字的插入点：确定文字的插入点。

⑧ 是否覆盖默认文字：如选择"是"，则用新的输入的文字作为引线内容。如选择"否"，则引线提示内容为默认的文字。

7.2.4　尺寸编辑命令

1. 调整间距（DIMSPACE）

标注好的尺寸，需要调整线性标注或角度标注之间的间距时，可以采用调整间距命令实现。

（1）命令：DIMSPACE。

（2）功能区：注释→标注→调整间距。

（3）菜单：标注→标注间距。

（4）工具栏：标注→等距标注。

（5）命令及提示。

命令：_dimspace

选择基准标注：

选择要产生间距的标注：找到 × 个

选择要产生间距的标注：

输入值或 [自动（A）]<自动>：

（6）参数。

① 选择基准标注：选择作为调整间距的基准尺寸。

② 选择要产生间距的标注：选择要修改间距的尺寸，多个应用交叉窗口同时选择。

③ 输入值：输入间距值。

④ 自动（A）：使用自动间距值，一般是文字高度的两倍。

例 7.11　将如图 7.44（a）所示的水平标注的尺寸调整成自动间距，并将垂直标注的尺寸对齐，结果如图 7.44（b）所示。

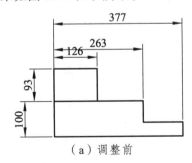 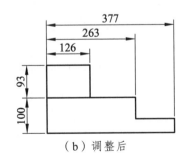

（a）调整前　　　　　　　　　　（b）调整后

图 7.44　调整尺寸间距

命令：_dimspace

选择基准标注：选择尺寸 126

选择要产生间距的标注:采用窗交方式同时选中 263 和 377 的尺寸指定对角点:找到 2 个

选择要产生间距的标注：

输入值或［自动（A）］<自动>：

命令：_dimspace

选择基准标注：选择尺寸 93

选择要产生间距的标注：选择尺寸 100 找到 1 个

选择要产生间距的标注：

输入值或［自动（A）］<自动>：0

2. 折断标注（DIMBREAK）

标注好的尺寸，如果和图形中的其他对象重叠，需要打断时可以采用折断标注命令实现。

（1）命令：DIMBREAK。

（2）功能区：注释→标注→打断。

（3）菜单：标注→标注打断。

（4）工具栏：标注→折断标注。

（5）命令及提示。

命令：_dimbreak

选择要添加/删除折断的标注或［多个（M）］：

选择标注：找到 × 个

选择标注：

选择要折断标注的对象或［自动（A）/手动（M）/删除（R）］<自动>：

（6）参数。

① 选择要添加/删除折断的标注：选择需要修改的标注。

② 多个（M）：如果同时更改多个，则输入 M，随后的提示中没有手动选项。

③ 选择要折断标注的对象：选择和尺寸相交的并且需要断开的对象。

④ 自动（A）：自动放置折断标注。

⑤ 删除（R）：删除选中的折断标注。

⑥ 手动（M）：手工设置折断位置。

例 7.12 将图 7.45（a）中两个尺寸线在和图形相交处断开，结果如图 7.45（b）所示。

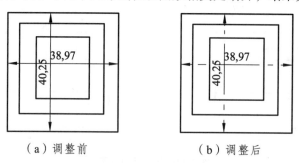

（a）调整前　　　　　　　　（b）调整后

图 7.45　折断标注

命令：_dimbreak

选择要添加/删除折断的标注或［多个（M）］：M

选择标注：采用窗交方式选择两个尺寸标注指定对角点：找到 2 个

选择标注：

选择要折断标注的对象或 [自动（A）/删除（R）] <自动>：

2 个对象已修改

3. 检验（DIMINSPECT）

检验命令为选定的标注添加或删除检验信息。

（1）命令：DIMINSPECT。

（2）功能区：注释→标注→检验。

（3）菜单：标注→检验。

（4）工具栏：标注→检验。

执行该命令后弹出"检验标注"对话框，如图 7.46 所示。在其中设置好形状、标签、检验率等。单击"选择标注"按钮，在图形中选择需要添加检验标签的标注即可。如图 7.47 所示即为添加了检验标签后的效果。

图 7.46　"检验标注"对话框

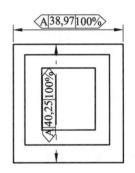

图 7.47　添加检验标签结果

4. 折弯线性（DIMJOGLINE）

在绘制的图形中，当某个方向图形很长而且内容相同时，一般要断开绘制，此时的标注尺寸也要求折弯尺寸线，标注的数值为真实大小。图 7.48 即为折弯线性示例。

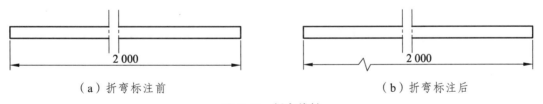

（a）折弯标注前　　　　　　　　　　　　（b）折弯标注后

图 7.48　折弯线性

（1）命令：DIMJOGLINE。

（2）功能区：注释→标注→折弯线性。

（3）菜单：标注→折弯线性。

（4）工具栏：标注→折弯线性。

（5）命令及提示。

命令：_dimjogline

选择要添加折弯的标注或 [删除（R）]：

选择要删除的折弯：

选择要添加折弯的标注或 [删除（R）]：

指定折弯位置（或按"Enter"键）：

标注已解除关联。

（6）参数。

① 选择要添加折弯的标注：选择需要添加折弯的线性或对齐标注。

② 删除（R）：删除折弯标注。

③ 选择要删除的折弯：选择需要取掉折弯的标注。

④ 指定折弯位置（或按"Enter"键）：定义折弯位置，回车使用默认位置。

5. 编辑标注 DIMEDIT

编辑标注命令可以指定新文本、调整文本到默认位置、旋转文本和倾斜延伸线。

（1）命令：DIMEDIT。

（2）功能区：注释→标注→倾斜。

（3）菜单：标注→倾斜。

（4）命令及提示。

命令：_dimedit

输入标注编辑类型 [默认（H）/新建（N）/旋转（R）/倾斜（O）]<默认>：

（5）参数。

① 默认（H）：修改指定的尺寸文字到默认位置，即回到原始点。

② 新建（N）：通过在位文字编辑器输入新的文本。

③ 旋转（R）：按指定的角度旋转文字。

④ 倾斜（O）：将延伸线倾斜指定的角度。

⑤ 选择对象：选择欲修改的尺寸对象。

例 7.13 将图 7.49（a）所示尺寸标注修改成图 7.49（b）所示尺寸标注形式。

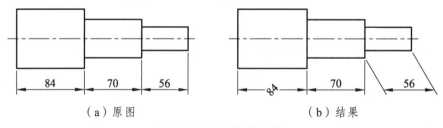

（a）原图　　　　　　　　　　（b）结果

图 7.49　尺寸编辑示例

命令：_dimedit

输入标注编辑类型 [默认（H）/新建（N）/旋转（R）/倾斜（O）]〈默认〉：R

指定标注文字的角度：

选择对象：

找到 1 个

选择对象：

命令：_dimedit

结束对象选择

输入标注编辑类型 [默认（H）/新建（N）/旋转（R）/倾斜（O）] <默认>：O

选择对象：

找到 1 个

输入倾斜角度（按"Enter"表示无）：

6. 编辑标注文本位置（DIMTEDIT）

对尺寸文本位置的修改，不仅可以通过夹点直观修改，而且可以使用 DIMTEDIT 命令进行精确修改。

（1）命令：DIMTEDIT。

（2）功能区：注释→标注→文字角度、左对正、居中对正、右对正。

（3）菜单：标注→对齐文字→默认，标注→对齐文字→角度，标注→对齐文字→左，标注→对齐文字→居中，标注→对齐文字→右。

（4）命令及提示。

命令：_dimtedit

选择标注：

为标注文字指定新位置或 [左对齐（L）/右对齐（R）/居中（C）/默认（H）/角度（A）]：

（5）参数。

① 选择标注：选择标注的尺寸进行修改。

② 为标注文字指定新位置：在屏幕上指定文字的新位置。

③ 左对齐（L）：沿尺寸线左对齐文本（对线性尺寸、半径、直径尺寸适用）。

④ 右对齐（R）：沿尺寸线右对齐文本（对线性尺寸、半径、直径尺寸适用）。

⑤ 居中（C）：将尺寸文本放置在尺寸线的中间。

⑥ 默认（H）：放置尺寸文本在默认位置。

⑦ 角度（A）：将尺寸文本旋转指定的角度。

尺寸文本修改的原图和结果见图 7.50。

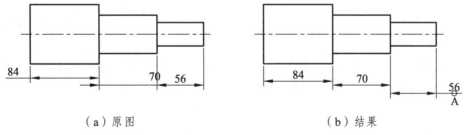

（a）原图　　　　　　　　　　　　　　　（b）结果

图 7.50　尺寸文本位置修改

命令：_dimtedit

选择标注：选择尺寸 56

为标注文字指定新位置或 [左对齐（L）/右对齐（R）/居中（C）/默认（H）/角度（A）]：点取 A 点移到新的位置

命令：_dimtedit

选择标注：选择尺寸 84

为标注文字指定新位置或 [左对齐（L）/右对齐（R）/居中（C）/默认（H）/角度（A）]：H

命令：_dimtedit

选择标注：选择尺寸 70

指定标注文字的新位置或 [左（L）/右（R）/中心（C）/默认（H）/角度（A）]：L 沿尺寸线左对齐

7. 标注式样（DIMSTYLE）

AutoCAD 允许使用一种尺寸样式来更新另一种尺寸样式。

（1）命令：DIMSTYLE。

（2）功能区：注释→标注→更新。

（3）菜单：标注（N）→更新（U）。

（4）工具栏：标注→更新。

（5）命令及提示。

命令：_dimstyle

当前标注样式：××××

输入标注样式选项

[注释性（AN）/保存（S）/恢复（R）/状态（ST）/变量（V）/应用（A）/?] <恢复>：

输入新标注样式名或 [?]：

[注释性（AN）/保存（S）/恢复（R）/状态（ST）/变量（V）/应用（A）/?] <恢复>：

输入标注样式名，[?] 或<选择标注>：

[注释性（AN）/保存（S）/恢复（R）/状态（ST）/变量（V）/应用（A）/?] <恢复>：

输入标注样式名，[?] 或<选择标注>：

[注释性（AN）/保存（S）/恢复（R）/状态（ST）/变量（V）/应用（A）/?] <恢复>：

_apply

选择对象：找到 1 个

选择对象：

[注释性（AN）/保存（S）/恢复（R）/状态（ST）/变量（V）/应用（A）/?]〈恢复〉：ST

（6）参数。

① 当前标注样式：提示当前的标注样式，该样式将可取代随后选择的标注尺寸样式。

② 注释性（AN）：设置注释性特性。

③ 保存（S）：将标注系统变量的当前设置保存到标注样式。

④ 恢复（R）：将标注系统变量设置恢复为选定标注样式的设置。

⑤ 状态（ST）：显示所有标注系统变量的当前值。

⑥ 变量（V）：列出某个标注样式或选定标注的标注系统变量设置，但不改变当前设置。

⑦ 应用（A）：是该命令的选项，自动使用当前的样式取代随后选择的尺寸样式。

注意：如何修改尺寸标注的比例？

方法一：DIMSCALE 决定了尺寸标注的比例其值为整数，缺省为 1，在图形有了一定比例缩放时应好将其改为缩放比例。

方法二：格式→标注样式（选择要修改的标注样式）→修改→主单位→比例因子，修改即可。

例 7.14　设置两个不同的标注样式，并用其中一个样式更新另一个样式。

新建样式"工程字"→设置样式格式→在标注字上双击→在特性列表中"其他"选项→"标注样式"选择"工程字"即可完成替换（见图 7.51）。

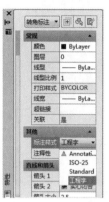

图 7.51　标注样式

7.3　实例分析

1. 实例分析 1——书写齿轮文字说明

创建文字样式、并在文字样式的基础上完成齿轮图形的技术要求和名称的书写，效果如图 7.52 所示。

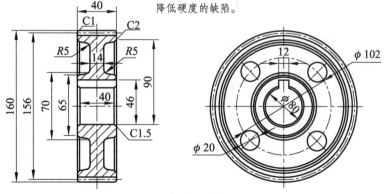

图 7.52　书写齿轮文字说明

操作思路：

（1）打开"齿轮.dwg"图形文件，创建"英文"和"中文"两个文字样式，并对文字样式进行设置。

（2）执行多行文字命令，对齿轮零件图形进行技术要求的文字说明。

（3）执行单行文字命令，对齿轮零件图形进行单行文字说明。

操作过程如图 7.53 所示。

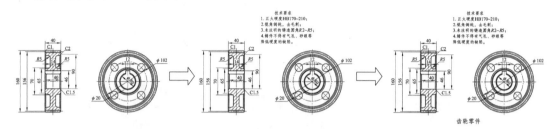

（a）打开图形文件　　　（b）书写"技术要求"方案　　　（c）书写"齿轮零件"文字

图 7.53　书写齿轮文字说明的操作思路

绘图步骤：

第一步：创建文字样式。

（1）打开"齿轮.dwg"图形文件，选择格式→文字样式菜单命令，打开"文字样式"对话框。

（2）新建新的文字样式。

（3）在"样式名"选项后的文本框中输入"英文"，单击"确定"按钮，返回"文字样式"对话框，如图 7.54 所示。

（4）在"字体"栏的"字体名"选项的下拉列表中选择"txt.shx"字体，在"效果"栏中将"宽度因子"选项设置为 1，单击"新建"按钮。

（5）单击"是"按钮，打开"新建文字样式"对话框。

（6）在"样式名"选项后输入"中文"，单击"确定"按钮，返回"文字样式"对话框。

（7）在"字体"栏的"字体名"选项中选择字体为"仿宋_GB2312"，将"宽度因子"设置为 0.7，单击"应用"按钮，对文字样式进行更改（如图 7.55 所示）。

（8）单击"关闭"按钮，完成文字样式的创建及设置。

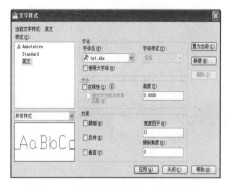

图 7.54　设置"英文"文字样式

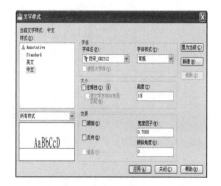

图 7.55　设置文字样式

第二步：书字说明文字。

（1）在命令行输入 T，按"Enter"键执行多行文字命令，在命令行提示"指定第一角点："后在绘图区中拾取一点，指定多行文字的起点，如图 7.56 所示。

（2）在命令行提示"指定对角点或 [高度（H）/对正（J）/行距（L）/旋转（R）/样式（S）/宽度（W）/栏（C）]:"后在绘图区中拾取另一点，指定多行文字的另一个角点，如图 7.57 所示。

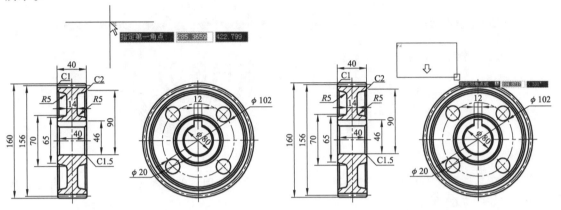

图 7.56　指定第一个角点　　　　图 7.57　指定对角点

（3）在"文字样式"下拉列表中选择"中文"样式，在"字体"下拉列表中选择文字的字体为"仿宋_GB2312"，在"文字高度"列表中选择 10，指定多行文字的高度，在多行文编辑框中输入技术要求的相关文字，如图 7.58 所示。

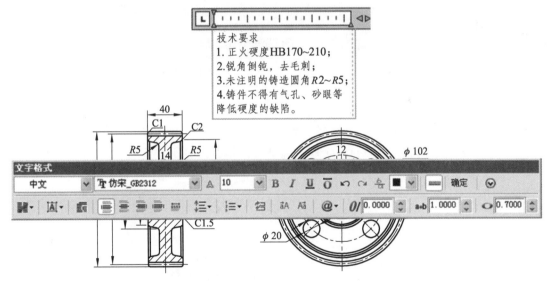

图 7.58　输入技术要求文字

（4）在文本编辑框中选择"技术要求"文本，单击"文字格式"工具栏的"居中"按钮，将选择的文字进行居中显示。

（5）选择文本编辑框中除了"技术要求"外的所有文字内容，单击"文字格式"工具栏的"段落"按钮，打开"段落"对话框，设置文字的段落格式，如图 7.59 所示。

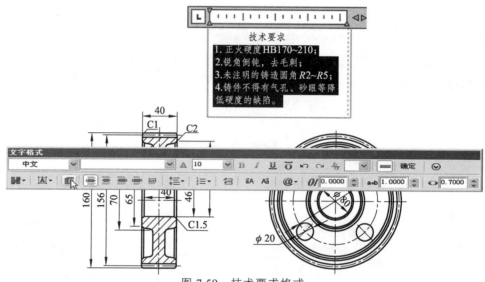

图 7.59　技术要求格式

（6）在"段落"对话框的"左缩进"栏的"悬挂"选项后的文本框中输入 10，指定悬挂缩进值，如图 7.60 所示。

图 7.60　设置段落格式

（7）单击"确定"按钮，返回"文字格式"工具栏及文字编辑状态，单击"文字格式"工具栏的"确定"按钮，完成多行文字内容的书写，如图 7.61 所示。

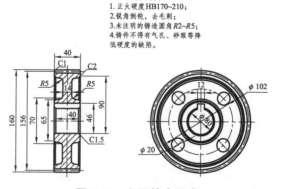

图 7.61　书写技术要求

第三步：书写标题文字。

（1）在命令行输入 dt，按"Enter"键执行单行文字命令，在命令行提示"指定文字的起点或[对正（J）/样式（S）]："后在绘图区中拾取一点，指定单行文字的起点，如图 7.62 所示。

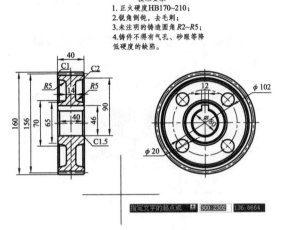

图 7.62　指定单行文字起点

（2）在单行文字文本框中输入"齿轮零件"文本，如图 7.63 所示。

（3）完成文字输入后，按"Enter"键，将光标移动到下一行，再次按"Enter"键，结束单行文字命令，如图 7.64 所示。

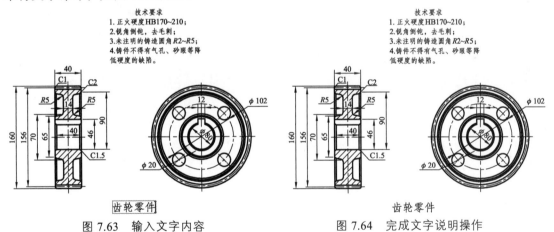

图 7.63　输入文字内容　　　　　　　　　图 7.64　完成文字说明操作

2. 实例分析 2——绘制并标注手柄

绘制并标注如图 7.65 所示的手柄。

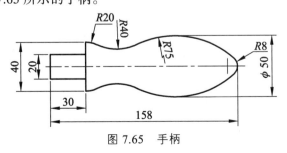

图 7.65　手柄

绘图思路：

（1）绘制"手柄.dwg"图形文件，在该文件的基础上创建并设置"机械制图"尺寸标注样式。

（2）在"机械制图"尺寸标注样式的基础上对图形进行尺寸标注，如线性标注、半径标注、折弯半径和基线标注等。

（3）使用间距尺寸标注编辑命令对基线标注间的距离进行调整。

操作过程如图 7.66 所示。

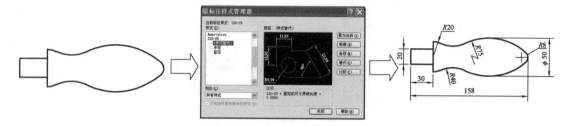

图 7.66　标注手柄图形的操作思路

第 8 章　AutoCAD 图形的打印与输出

　　前面的章节介绍了绘制二维和三维图形的各种命令、绘图流程以及一些的应用实例，通过学习基本可以绘制多种二维及三维图形了。本章将介绍绘图的最后一步 —— 图形输出与打印。

　　创建完图形之后，通常要打印到图纸上，也可以生成一份电子图纸，以便从互联网上进行访问。打印的图形可以包含图形的单一视图，或者更为复杂的视图排列。根据不同的需要，可以打印一个或多个窗口，或设置选项以决定打印的内容和图像在图纸上的布置。图形既可以在模型空间打印输出，也可以在图纸空间打印输出。

　　打印设备既可以是 Windows 配置的打印机，也可以是专门的绘图仪，虽然 Windows 系统配置打印机最大规格为 A2 的喷墨打印机，但它只能打印 A2 以下规格的图纸，对 A2 及以上规格的图纸，只能采用缩小打印或用自定义尺寸，分块打印后拼接完成。

8.1　打印概述

8.1.1　打印

1. 绘图仪管理器

　　绘图仪管理器是一个窗口（如图 8.1 所示），其中列出了用户安装的所有非系统打印机的绘图仪配置（PC3）文件。如果希望与 Windows 使用不同的默认特性，也可以为 Windows 系统打印机创建绘图仪配置文件。绘图仪配置用于指定端口信息、光栅图形和矢量图形的质量、图纸尺寸以及取决于绘图仪类型的自定义特性。

图 8.1　绘图仪管理器

绘图仪管理器包含添加绘图仪向导，此向导是创建绘图仪配置的主要工具。添加绘图仪向导会提示用户输入有关要安装的绘图仪的信息。

2. 布局

布局代表打印的页面。用户可以根据需要创建任意数量的布局。每个布局都保存在自己的布局选项卡中，可以与不同的页面设置相关联。

只在打印页面上出现的元素（例如标题栏和注释）是在布局的图纸空间中绘制的。图形中的对象是在"模型"选项卡上的模型空间创建的。要在布局中查看这些对象，需创建布局窗口。

3. 布局初始化

布局初始化是通过单击之前未使用的布局的选项卡来激活该布局的过程。

初始化之前，布局中不包含任何打印设置。初始化完成后，可对布局进行绘制、发布以及将布局作为图纸添加到图纸集中（在保存图形后）。

4. 页面设置

创建布局时，需要指定绘图仪和设置（例如页面尺寸和打印方向）。这些设置保存在页面设置中。使用页面设置管理器（见图 8.2），可以控制布局和"模型"选项卡中的设置。可以命名并保存页面设置，以便在其他布局中使用。

如果创建布局时未在"页面设置"对话框中指定所有设置，则可以在打印之前设置页面。或者，在打印时替换页面设置。可以对当前打印任务临时使用新的页面设置，也可以使用已保存的页面设置。

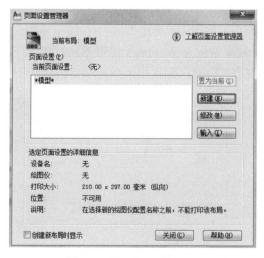

图 8.2　页面设置管理器

5. 打印样式

打印样式有两种类型：颜色相关和命名。一个图形只能使用一种类型的打印样式表。用户可以在两种打印样式表之间转换，也可以在设置了图形的打印样式表类型之后，修改所设置的类型。

打印样式通过确定打印特性（例如线宽、颜色和填充样式）来控制对象或布局的打印方式，打印样式表中收集了多组打印样式。打印样式管理器是一个窗口（见图 8.3），其中显示了所有可用的打印样式表。

对于颜色相关打印样式表，对象的颜色确定如何对其进行打印，这些打印样式表文件的扩展名为 .ctb，不能直接为对象指定颜色相关打印样式。相反，要控制对象的打印颜色，必须修改对象的颜色，例如，图形中所有被指定为红色的对象均以相同的方式打印。

命名打印样式表使用直接指定给对象和图层的打印样式。这些打印样式表文件的扩展名为 .stb。使用这些打印样式表可以使图形中的每个对象以不同颜色打印，与对象本身的颜色无关。

图 8.3　打印式样管理器

6. 打印戳记

打印戳记是添加到打印的一行文字，可以在"打印戳记"对话框中指定打印中该行文字的位置。打开此选项可以将指定的打印戳记信息（包括图形名、布局名、日期和时间等）添加到打印至任意设备的图形，可以选择将打印戳记信息记录到日志文件中而不打印它，或既记录又打印。

8.1.2　设置打印尺寸

在"打印"对话框中，选择要使用的图纸尺寸，尺寸规范。

如果从布局打印，可以事先在"页面设置"对话框中指定图纸尺寸。但是，如果从"模型"选项卡打印，则需要在打印时指定图纸尺寸。在"打印"对话框中，选择要使用的图纸尺寸。列出的图纸尺寸取决于用户在"打印"或"页面设置"对话框中选定的打印机或绘图仪。可用绘图仪的列表包括当前配置为与 Windows 一起使用的所有绘图仪，以及已安装非系统驱动程序的所有绘图仪。

为当前打印选择图纸尺寸的步骤：

（1）依次单击"文件（F）→打印（P）"。或在命令提示下，输入"plot"。

（2）在"打印"对话框的"打印机/绘图仪"下，在"名称"框中选择一种绘图仪。

（3）在"图纸尺寸"下，从列表中选择一种图纸尺寸。

（4）列出的图纸尺寸取决于选定的绘图仪。

8.1.3 设置打印区域

打印图形时，必须指定图形的打印区域，"打印"对话框在"打印区域"下提供了以下选项：

（1）布局或界限：打印布局时，将打印指定图纸尺寸的可打印区域内的所有内容，其原点从布局中的（0，0）点计算得出。打印"模型"选项卡时，将打印栅格界限所定义的整个绘图区域。如果当前窗口不显示平面视图，该选项与"范围"选项效果相同。

（2）范围：打印包含对象图形的部分当前空间。当前空间内的所有几何图形都将被打印。打印之前，可能会重新生成图形以重新计算范围。

打印时设置绘图区域的步骤：

（1）依次单击"文件（F）→打印（P）"。或在命令提示下，输入"plot"。

（2）在"打印"对话框的"打印区域"下，指定要打印的图形部分。

（3）根据需要修改其他设置，单击"确定"以打印图形。

8.1.4 打印

1. 打印图形的步骤

（1）依次单击"文件（F）→打印（P）"，或在命令提示下，输入"plot"。

（2）在"打印"对话框的"打印机/绘图仪"下，从"名称"列表中选择一种绘图仪。

（3）在"图纸尺寸"下，从"图纸尺寸"框中选择图纸尺寸。

（4）（可选）在"打印份数"下，输入要打印的份数。

（5）在"打印区域"下，指定图形中要打印的部分。

（6）在"打印比例"下，从"比例"框中选择缩放比例。

（7）有关其他选项的信息，请单击"其他选项"按钮。

（8）（可选）在"打印样式表（笔指定）"下，从"名称"框中选择打印样式表。

（9）（可选）在"着色视口选项"和"打印选项"下，选择适当的设置。

（10）注意打印戳记只在打印时出现，不与图形一起保存。

（11）在"图形方向"下，选择一种方向。

（12）单击"确定"完成打印。

2. 打印图形文件的方式

从"模型"选项卡中打印图形。（不常使用）

从"布局"选项卡中打印图形。（常用方法）

打印：菜单→选项卡→PLOT。

使用系统默认设置打印：在"打印比例"按钮组中选择"按图纸空间缩放"。

按精确的比例打印图形：在"打印比例"按钮组中输入比例值。

3. 打印设置

图纸尺寸和图纸单位：采用 ISO 标准 A 系列图纸，图纸单位符号为 mm。

（1）可打印区域：基于当前配置的图纸尺寸显示图纸上能打印的实际区域，在"布局"选项卡中用虚线表示。

（2）图形方向：纵向与横向。

（3）图形界限：打印区域为图形界限，只在"模型"选项卡有效。打印效果与使用 ZOOM 命令的 ALL 选项获得的视图效果一样。

（4）布局：打印显示在"布局"选项卡视图中纸张边缘之内的任何图形，只在"布局"选项卡有效。代替了"图形界限"选项。

（5）范围：打印整个图形，并删去图形的边缘空白。打印效果与使用 ZOOM 命令的"范围"选项获得的视图效果一样。

（6）显示：按照当前屏幕上的显示效果打印图形。

（7）视图：使用以前保存的视图确定打印部分。

（8）窗口：打印用户用一个窗口指定的图形部分。

（9）打印比例：图形比例应与打印比例一致，否则对象和文字可能会过大或过小。选中了"按图纸空间缩放"选项，打印结果会与纸张尺寸很好的吻合，但不符合出图要求，因此要选中规定比例。

（10）打印偏移：通过将标题栏的左下角与图纸的左下角重新对齐来补偿图纸的页边距。可以通过测量图纸边缘与打印信息之间的距离来确定打印偏移。这些偏移量通常为负值。

在打印输出图形之前可以预览输出结果（见图 8.4），以检查设置是否正确，例如，图形是否都在有效输出区域内等。

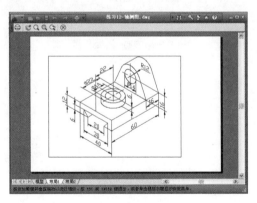

图 8.4　打印预览

8.2　AutoCAD 与 Internet 的关联

1. 与 Internet 建立超级链接

AutoCAD 的图形一般与文档建立超级链接，只要 AutoCAD 图形与文档建立了超级链接，就可以快速的打开与 AutoCAD 图形有关联的文档，并可对它们进行编辑，修改等。为适应互联网络的快速发展，使用户能够快速有效地共享设计信息，AutoCAD 强化了其 Internet 功能，使其与互联网相关的操作更加方便、高效，可以创建 Web 格式的文件（DWF），以及发布 AutoCAD 图形文件到 Web 页。

（1）建立 AutoCAD 图形与文档的超级链接。

① 建立超级链接的启动方式：

命令行：HYPERLINK。

菜单：插入→超链接。

② 作用：对指定的图形建立链接文档。

③ 格式：

命令：HYOERLINK。

（2）打开与 AutoCAD 图形链接的文档。

打开的方法：

① 选中图形对象，单击鼠标右键。

② 选择"超链接"子菜单中文档名称。

2. 将图形发布到 Web 页

（1）执行"文件（F）→网上发布（W）"菜单命令，弹出"网上发布→开始"对话框，如图 8.5 所示。

（2）根据向导提示即可完成。

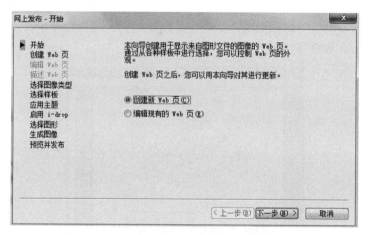

图 8.5　网上发布

3. 通过 Internet 打开、保存图形

从 Internet 上打开 AutoCAD 文件的操作步骤：

（1）执行"文件→打开"菜单，系统弹出"选择文件"对话框。

（2）单击"搜索 Web 页"按钮，在弹出的对话框中的"查找范围"文本框中输入 URL 地址，单击"打开"按钮即可。

4. 数据交互

数据的交互就是把 AutoCAD 的图形或文件导出到其他软件中，或将其他软件的文件导入到 AutoCAD 中来。

OLE 称为对象的链接与嵌入，通过这种方式可以把 PS 图像、画笔图片、媒体剪辑等对象类型的文件插入到 AutoCAD 中。执行"插入→OLE 对象"菜单命令，选择相应的类型或创建新的对象，单击"确定"即可。

8.3　图形的输入输出

AutoCAD 提供了图形输入与输出接口，不仅可以将其他应用程序中处理好的数据传送给 AutoCAD，以显示其图形；还可以将在 AutoCAD 中绘制好的图形打印出来，或者把它们的信息传送给其他应用程序。

AutoCAD 除了可以打开和保存 DWG 格式的图形文件外，还可以导入或导出其他格式的图形。

1. 输入图形

在 AutoCAD 的"插入点"工具栏中，单击"输入"按钮将打开"输入文件"对话框（如图 8.6 所示）。在其中的"文件类型"下拉列表框中可以看到，系统允许输入"图元文件"、ACIS 及 3DStudio 图形格式的文件。

在 AutoCAD 的菜单命令中没有"输入"命令，但是可以使用"插入"3D Studio 命令、"插入""ACIS 文件"命令、"插入""Windows 图元文件"命令，分别输入上述 3 种格式的图形文件。

插入 OLE 对象：选择"插入""OLE 对象"命令，打开"插入对象"对话框，可以插入对象链接或者嵌入对象。

图 8.6　输入图形

2. 输出图形

选择"文件""输出"命令，打开"输出数据"对话框（如图 8.7 所示）。可以在"保存于"下拉列表框中设置文件输出的路径，在"文件"文本框中输入文件名称，在"文件类型"下拉列表框中选择文件的输出类型，如图元文件、ACIS、平板印刷、封装 PS、DXX 提取、位图、3D Studio 及块等。

图 8.7　输出图形

设置了文件的输出路径、名称及文件类型后，单击对话框中的"保存"按钮，将切换到绘图窗口中，可以选择需要以指定格式保存的对象。

3. 在模型空间与图形空间之间切换

模型空间是完成绘图和设计工作的工作空间，使用在模型空间中建立的模型可以完成二维或三维物体的造型，并且可以根据需求用多个二维或三维视图来表示物体，同时配有必要的尺寸标注和注释等来完成所需要的全部绘图工作。在模型空间中，用户可以创建多个不重叠的（平铺）视口以展示图形的不同视图。

例 8.1　打印输出图形。

（1）选择"文件→打印"菜单命令，打开"打印"对话框，在"打印机/绘图仪"栏的"名称"选项的下拉列表中选择打印机的类型（这里模拟打印，选择 Default Windows System Printer pc3）。

（2）在"图纸尺寸"栏的下拉列表中选择图纸的尺寸大小 A4，在"打印比例"栏中选中"布满图纸"复选框，在"打印区域"栏中选中"居中打印"复选框，如图 8.8 所示。

图 8.8　"打印"对话框

（3）在"打印区域"栏的"打印范围"选项的下拉列表中选择"窗口"选项，返回绘图区，在命令行提示"指定第一个角点:"后，在图形的左上方指定一点，指定窗口的第一个角点，在命令行提示"指定对角点:"后，在图形的右下方指定一点，指定窗口对角点，如图8.9 所示。

（4）在"打印"对话框中单击右下角的"更多选项"按钮，展开"打印"对话框，如图8.10 所示。

（5）在"图形方向"栏中，选中"横向"单选项，单击"预览"按钮，对图形进行打印前的预览，如图 8.10 所示。

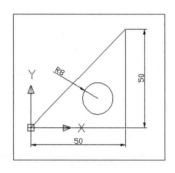

图 8.9　指定打印窗口

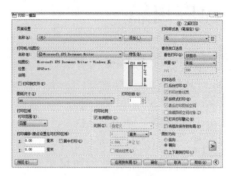

图 8.10　打印

（6）选择"文件→输出"菜单命令，打开"输出数据"对话框，如图 8.11 所示。

图 8.11　"输出数据"对话框

（7）在"文件类型"选项的下拉列表中选择"图元文件（*.wmf）"，在"保存于"选项的下拉列表中选择文件的保存路径，在"文件名"选项后的文本框中输入"三角形"。

（8）单击"保存"按钮，返回绘图区，选择绘制的三角形图形以及尺寸标注，完成选择后，按"Enter"键，将选择的图形输出为图元文件，如图 8.12 所示。

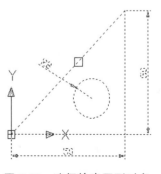

图 8.12　选择输出图形对象

第 3 篇
工程应用篇

一些初学者学完了 AutoCAD 后，在绘制符合要求的机械工程图时仍然感到无从下手。针对这种情况，本篇的各章节介绍了一些典型机械工程图、建筑施工、矿山图纸的详细创建过程，初学者可快速了解并掌握机械工程图、建筑施工、矿山图纸的创建过程、方法和思路，提高 AutoCAD 设计应用水平和操作技巧，为进行复杂制图打下基础。

第 9 章　AutoCAD 在机械绘图中的应用

结合专业去学习计算机软件，会丰富专业知识，提高专业技能，AutoCAD 软件在机械中的应用特别广泛，很多计算机软件培训教学都忽视了与专业的结合。本章就把绘图软件与机械专业知识结合起来，探讨几个实际的软件应用问题，使读者能真正做到把计算机软件应用到机械制图和设计中去。

国家机械制图标准对机械图形的图纸格式、线条宽度、文字样式等均有明确的规定，利用 AutoCAD 完全能够满足这些标准的要求。在绘制建筑制图时必须严格遵守国家制定的《机械制图》制图标准。本章将通过一些综合的机械制图实例，详细介绍使用 AutoCAD 绘制零件图、装配图、复杂图形绘图的方法和技巧。

9.1　零件图绘制的基础知识

1. 零件图的概念

零件图是表达单个零件形状、大小和特征的图样，也是在制造和检验机器零件时所用的图样，又称零件工作图。在生产过程中，根据零件图样和图样的技术要求进行生产准备、加工制造及检验，它是指导零件生产、制造、加工和检验零件的重要技术文件。

2. 零件图的主要内容

零件图主要包含以下四部分主要内容：

（1）一组图形。

用视图、剖视、剖面及其他规定画法和简化画法等，正确、完整、清晰地表达零件的结构和形状。

（2）全部尺寸。

零件在制造和检验时，所需的全部尺寸（包括尺寸公差）。

（3）技术要求。

在图上用规定的符号标注或用文字说明零件在制造、检验、装配过程中应达到的技术要求，如表面粗糙度、形状和位置公差、尺寸公差、热处理要求和零件表面处理要求等。

（4）标题栏。

在标题栏中填写零件的名称、材料、数量、比例、图号、有关人员的签名和日期等。

3. 零件图绘制的一般流程

零件图绘制的一般流程：

（1）使用样板文件建立新图。

要使用样板文件建立新图，可选择"文件→新建"命令，打开"选择样板"对话框，在文件列表中选择前面创建的样板文件 A3，然后单击"打开"按钮，创建一个新的图形文档。此时绘图窗口中将显示图框和标题栏，并包含了样板图中的所有设置。

（2）绘制与编辑图形。

绘制与编辑图形主要使用"绘图"和"修改"菜单中的命令，或"绘图"和"修改"工具栏中的工具按钮。在绘制图形时，不同的对象应绘制在预设的图层上，以便控制图形中各部分的显示。

（3）标注图形尺寸。

图形绘制完成后，还需要进行尺寸标注。通常，图纸中的标注包括尺寸标注、公差标注及粗糙度标注等。

（4）添加技术要求。

在图纸中，文字注释也是必不可少的，通常是关于图纸的一些技术要求和其他相关说明，可以使用多行文字功能创建文字注释。

（5）创建标题栏。

将插入点置于标题栏的第一个表格单元中，双击打开"文字格式"工具栏，在"字体"下拉列表框中选择"仿宋 GB232"后输入"零件名称"及设计单位"山东工商学院"等字样，如图 9.1 所示。

零件名称		比例			
		件数			
制图		重量		共 张　第 张	
描图			×××学院		
审核					

图 9.1　零件图标题栏

（6）输出与打印图形。

在绘制完零件截面图后，可以使用 AutoCAD 的打印功能输出该零件截面图。选择"文件→打印"命令，打开"打印"对话框，对打印的各个选项进行设置。

4. 实例剖析 ——齿轮轴零件图形的绘制

使用图层、构造线、偏移、修剪和图案填充等命令，完成齿轮轴零件图形的绘制，绘制后效果如图 9.2 所示。

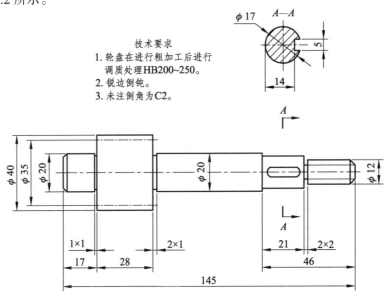

图 9.2　绘制齿轮轴零件图

操作思路：

（1）创建并设置图层，在创建的图层下，使用构造线命令绘制作图辅助线，再使用偏移、修剪和直线等命令完成齿轮轴主视图的绘制。

（2）多段线命令，绘制剖面图的剖切符号，再使用构造线、圆、偏移和图案填充等命令完成剖面图形的绘制。

（3）执行尺寸标注和文字标注命令，对齿轮轴图形进行尺寸和文字标注。

（4）插入已经绘制好的 A3 样板图框，将绘制好的零件图摆放在合适的位置。

（5）在标题栏的上方输入零件的技术要求，创建文字样式，利用多行文字命令填写技术要求，并填写标题栏。

绘制步骤如图 9.3 所示。

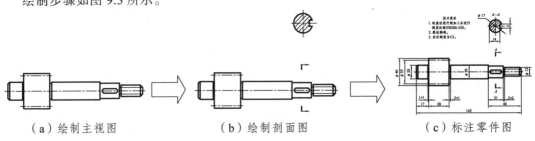

（a）绘制主视图　　　　　（b）绘制剖面图　　　　　（c）标注零件图

图 9.3　绘制齿轮轴零件图的操作思路

9.2　轴测图的绘制

1. 轴测图的绘制步骤

绘制轴侧图形的基本步骤：

（1）分析图形（首先需要去分析其中一些特殊或者是比较简单的图形）；

（2）图样布局（画出定位线或一些明显标示的线）；

（3）绘制已知线段；

（4）画出连接线段；

（5）修饰平面图形（利用图形基本编辑命令修饰图形）。

2. 轴测图的概念

轴测图是一种单面投影图，在一个投影面上能同时反映出物体三个坐标面的形状，并接近于人们的视觉习惯，形象、逼真，富有立体感。但轴测图一般不能反映出物体各表面的实形，因而度量性差，同时作图较复杂。因此，在工程上常把轴测图作为辅助图样，来说明机器的结构、安装、使用等情况；在设计中，用轴测图帮助构思、想象物体的形状，以弥补正投影图的不足。

3. 轴测图的分类

轴测平面根据其位置的不同，分别称为左轴测面、右轴测面和顶轴测面。绘制正等轴测图时，将这三个方向的可见面作为绘制正等轴测网的基准平面。

在轴测图中，长方体的可见边与水平线间的夹角分别是 30°，90° 和 150°。在轴测图中建立一个假想的坐标系，该坐标系的坐标轴称为"轴测轴"，它们所处的位置如下。

（1）X 轴与水平位置的夹角是 30°。

（2）Y 轴与水平位置的夹角是 150°。

（3）Z 轴与水平位置的夹角是 90°。

进入轴测模式后，十字光标将始终与当前轴测面的轴测轴方向一致，如图 9.4 所示。

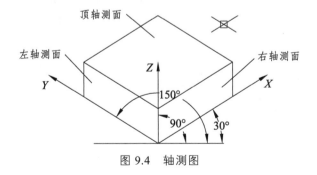

图 9.4　轴测图

4. 轴测图的基本特性

（1）相互平行的两直线，其投影仍保持平行。

（2）空间平行于某坐标轴的线段，其投影长度等于该坐标轴的轴向伸缩系数与线段长度的乘积。

由以上性质，若已知各轴向伸缩系数，在轴测图中即可画出平行于轴测轴的各线段的长度，这就是轴测图中"轴测"两字的含义。

正等轴测图：轴间角均为 120°；轴向伸缩系数 $p=q=r=0.82$ 取 1。

斜二轴测图：轴间角为 90°，135°，135°；轴向伸缩系数 $p=r=1$，$q=0.5$。

5. 激活轴测投影模式

在 AutoCAD 中可以利用轴测投影模式辅助绘图，当激活此模式后，十字光标及栅格都会自动调整到与当前指定的轴测面一致的位置。

可以使用以下方法激活轴测投影模式。

（1）选取菜单命令"工具→草图设置"，打开"草图设置"对话框，进入"捕捉和栅格"选项卡，如图 9.5 所示。

图 9.5　草图设置

（2）在"捕捉类型"分组框中选取"等轴测捕捉"单选项，激活轴测投影模式。

（3）单击"确定"按钮，退出对话框，十字光标将处于左轴测面内，如图 9.6 所示。

（4）按 F5 键可切换至顶轴测面，再按 F5 键可切换至右轴测面。

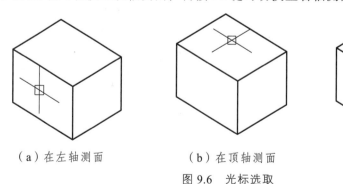

（a）在左轴测面　　　　　（b）在顶轴测面　　　　　（c）在右轴测面

图 9.6　光标选取

6. 在轴测投影模式下作图

进入轴测模式后，仍然是利用基本的二维绘图命令来创建直线、椭圆等图形对象，但要注意这些图形对象轴测投影的特点，如水平直线的轴测投影将变为斜线，而圆的轴测投影将变为椭圆。

（1）在轴测模式下画直线。

在轴测模式下画直线常采用以下 3 种方法。

① 通过输入点的极坐标来绘制直线。当所绘直线与不同的轴测轴平行时，输入的极坐标角度值将不同，有以下几种情况：

所画直线与 X 轴平行时，极坐标角度应输入 30°或 – 150°。

所画直线与 Y 轴平行时，极坐标角度应输入 150°或 – 30°。

所画直线与 Z 轴平行时，极坐标角度应输入 90°或 – 90°。

如果所画直线与任何轴测轴都不平行，则必须先找出直线上的两点，然后连线。

② 激活正交模式辅助画线，此时所绘直线将自动与当前轴测面内的某一轴测轴方向一致。例如，若处于右轴测面且激活正交模式，那么所画直线的方向为 30°或 90°。

③ 利用极轴追踪、自动追踪功能画线。激活极轴追踪、自动捕捉和自动追踪功能，并设定自动追踪的角度增量为 30°，这样就能很方便地画出 30°，90°或 150°方向的直线。

（2）在轴测面内画平行线。

通常情况下是用 OFFSET 命令绘制平行线，但在轴测面内画平行线与标准模式下画平行线的方法有所不同。如图 9.7 所示，在顶轴测面内作直线 A 的平行线 B，要求它们之间沿 30°方向的间距是 30，如果使用 OFFSET 命令，并直接输入偏移距离 30，则平移后两线间的垂直距离等于 30，而沿 30°方向的间距并不是 30。为避免上述情况发生，常使用 COPY 命令或者 OFFSET 命令的"通过（T）"选项来绘制平行线。

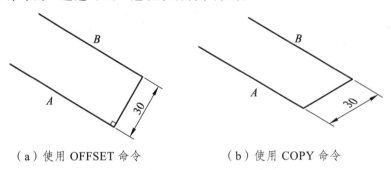

（a）使用 OFFSET 命令　　　　（b）使用 COPY 命令

图 9.7　OFFSET 及 COPY 命令

（3）轴测模式下绘制角。

在轴测面内绘制角时，不能按角度的实际值进行绘制，因为在轴测投影图中，投影角度值与实际角度值是不相符合的。在这种情况下，应先确定角边上点的轴测投影，并将点连线，以获得实际的角轴测投影。

（4）轴测模式下绘制圆。

圆的轴测投影是椭圆，当圆位于不同轴测面内时，椭圆的长、短轴位置也将不同。手工绘制圆的轴测投影比较麻烦，在 AutoCAD 中可直接使用 ELLIPSE 命令的"等轴测圆（I）"选项进行绘制，该选项仅在轴测模式被激活的情况下才出现。

键入 ELLIPSE 命令，AutoCAD 提示如下：

命令：_ellipse

指定椭圆轴的端点或 [圆弧（A）/中心点（C）/等轴测圆（I）]：I

指定等轴测圆的圆心：

指定等轴测圆的半径或 [直径（D）]：

选取"等轴测圆（I）"选项，再根据提示指定椭圆中心并输入圆的半径值，则 AutoCAD 会自动在当前轴测面中绘制出相应圆的轴测投影。

注意：

① 绘制圆的轴测投影时，首先要利用 F5 键切换到合适的轴测面，使之与圆所在的平面对应，这样才能使椭圆看起来是在轴测面内，如图 9.8（a）所示。否则，所画椭圆的形状是不正确的，如图 9.8（b）所示，圆的实际位置在正方体的顶面，而所绘轴测投影却是位于右轴测面内的投影，结果轴测圆与正方体的投影就显得不匹配。

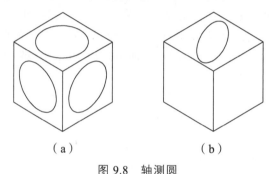

（a）　　　　　　　　　　（b）

图 9.8　轴测圆

② 绘制轴测图时经常要画线与线间的圆滑过渡，此时过渡圆弧变为椭圆弧。绘制这个椭圆弧的方法是在相应的位置画一个完整的椭圆，然后使用 TRIM 命令修剪多余的线条，如图 9.9 所示。

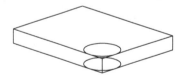

图 9.9　椭圆弧的绘制

（5）在轴测模式下书写文字及标注尺寸。

① 添加文字。

为了使某个轴测面中的文本看起来像是在该轴测面内，就必须根据各轴测面的位置特点将文字倾斜某一角度，以使它们的外观与轴测图协调，否则立体感不好。图 9.10 所示是在轴测图的 3 个轴测面上采用适当倾角书写文本后的结果。

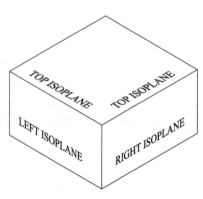

图 9.10　添加文字

轴测面上各文本的倾斜规律如下：

在左轴测面上，文本需采用 – 30°的倾斜角。

在右轴测面上，文本需采用 30°的倾斜角。

在顶轴测面上，当文本平行于 X 轴时，采用 – 30°的倾斜角。

在顶轴测面上，当文本平行于 Y 轴时，需采用 30°的倾角。

由以上规律可以看出，各轴测面内的文本或是倾斜 30°或是倾斜 – 30°，因此在轴测图中书写文字时，应事先建立倾角分别为 30°和 – 30°的两种文本样式，只要利用合适的文本样式控制文本的倾斜角度，就能够保证文字外观看起来是正确的。

② 标注尺寸。

当用标注命令在轴测图中创建尺寸后，其外观看起来与轴测图本身不协调。为了让某个轴测面内的尺寸标注看起来就像是在这个轴测面内，就需要将尺寸线、尺寸界线倾斜某一角度，以使它们与相应的轴测轴平行。此外，标注文本也必须设置成倾斜某一角度的形式，才能使文本的外观也具有立体感。

在轴测图中标注尺寸时，一般采取以下步骤：

a. 创建两种尺寸样式，这两种样式所控制的标注文本的倾斜角度分别是 30°和 – 30°。

b. 由于在等轴测图中只有沿与轴测轴平行的方向进行测量才能得到真实的距离值，因此创建轴测图的尺寸标注时应使用 DIMALIGNED 命令（对齐尺寸）。

c. 标注完成后，利用 DIMEDIT 命令的"倾斜（O）"选项修改尺寸线的倾斜角度，使尺寸界线的方向与轴测轴的方向一致，这样才能使标注的外观具有立体感。

7. 实例剖析

（1）实例剖析 ——绘制组合体轴测图。

根据平面视图绘制正等轴测图，如图 9.11 所示。

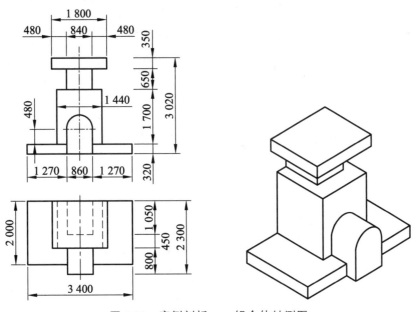

图 9.11　实例剖析 ——组合体轴测图

① 设定绘图区域的大小为"10 000 × 10 000"。

② 激活轴测投影模式，激活极轴追踪、对象捕捉及自动追踪功能。指定极轴追踪角度增量为 30°，设定对象捕捉方式为"端点""中点""交点"，设置沿所有极轴角进行自动追踪。

③ 按 F5 键切换到顶轴测面，用 LINE 命令绘制线框 A，如图 9.12 所示。

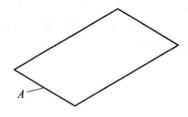

图 9.12　绘制线框 A

④ 将线框 A 复制到 B 处，再连线 C、D 和 E，如图 9.13 所示。删除多余的线条，结果如图 9.14 所示。

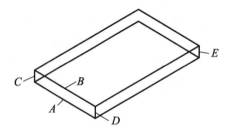

图 9.13　连接线框

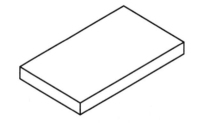

图 9.14　完善线框

⑤ 用 LINE 命令绘制线框 F，再将此线框复制到 G 处，如图 9.15 所示。

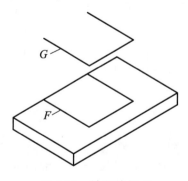

图 9.15　绘制线框 F

⑥ 连线 H 和 I 等，如图 9.16（a）所示。删除多余的线条，结果如图 9.16（b）所示。

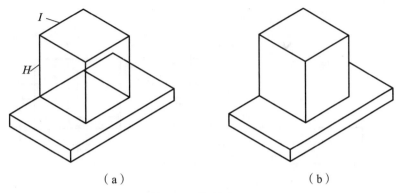

（a）　　　　　　　　　　　（b）

图 9.16　绘制 *I* 及 *H*

⑦ 用与第⑤、⑥步相同的方法绘制对象 *J*，如图 9.17 所示。

⑧ 用与第⑤、⑥步相同的方法绘制对象 *K*，如图 9.18 所示。

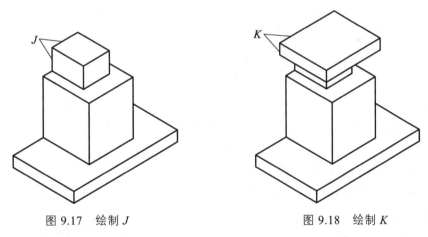

图 9.17　绘制 *J*　　　　　　　　图 9.18　绘制 *K*

⑨ 按 "F5" 键切换到右轴测面，用 ELLIPSE、COPY 及 LINE 命令生成对象 *L*，如图 9.19（a）所示。删除多余的线条，结果如图 9.19（b）所示。

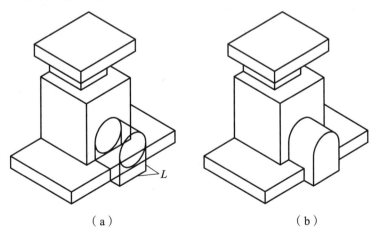

（a）　　　　　　　　　　　（b）

图 9.19　绘制 *L* 段

（2）实例剖析 —— 根据三视图绘制零件轴测图。

根据图 9.20 所示三视图绘制零件轴测图。

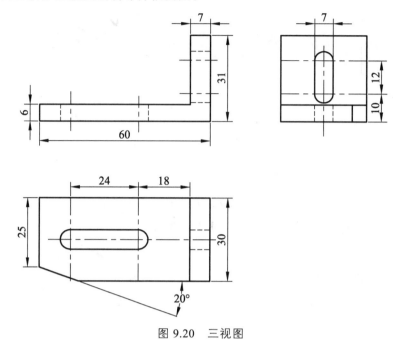

图 9.20　三视图

① 设定绘图区域的大小为"300×100"，设置绘图单位精度为"0"。

② 设置图层。

新建 5 个图层，分别命名为"中心线""轮廓线""细实线""标注层""辅助线"，其中"轮廓线"的线宽为 0.3 mm，其余设置如图 9.21 所示。

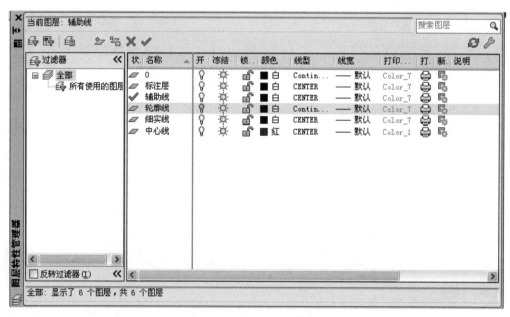

图 9.21　创建并设置图层

③ 设置等轴测绘图环境，然后绘制如图 9.22 的 3 条直线。

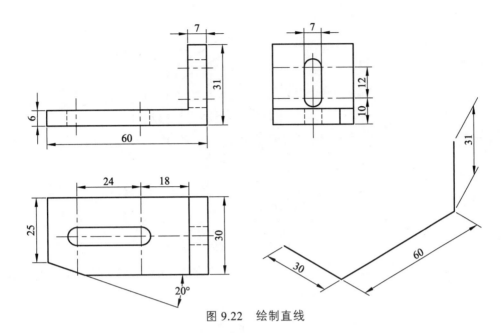

图 9.22　绘制直线

④ 复制上一步绘制的直线，如图 9.23 所示。

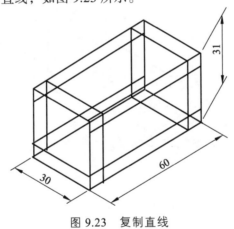

图 9.23　复制直线

⑤ 修剪并删除多余的线段，如图 9.24 所示。继续复制直线，如图 9.25 所示。

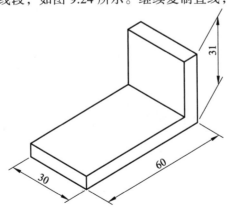

图 9.24　修剪并删除多余的线段

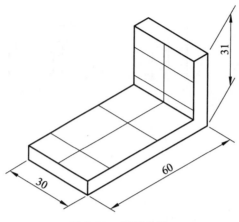

图 9.25　复制直线

⑥ 以图 9.26 中的点 1 和点 2 为圆心，分别绘制半径为 3.5 mm 的等轴测圆；然后以点 3 和点 4 为圆心，分别绘制半径为 3.25 mm 的等轴测圆。

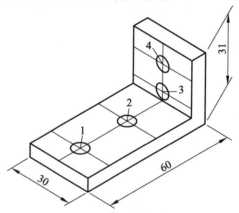

图 9.26　绘制等轴测圆

⑦ 绘制如图 9.27 所示的连接等轴测圆的直线。

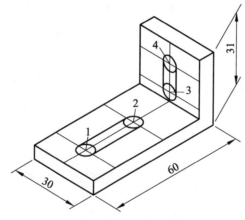

图 9.27　绘制直线

⑧ 修剪并删除多余的线段，如图 9.28 所示。

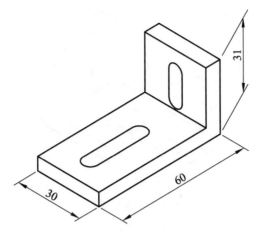

图 9.28　修剪并删除多余的线段

⑨ 使用 Rotate 命令，旋转直线，如图 9.29 所示。

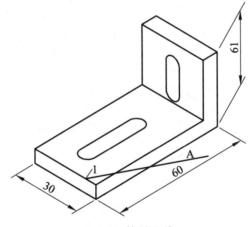

图 9.29　旋转直线

⑩ 复制直线，如图 9.30 所示。

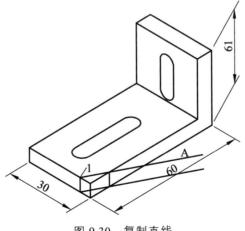

图 9.30　复制直线

⑪ 修剪并删除多余的线段，如图 9.31 所示。

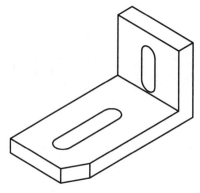

图 9.31 最终效果

⑫ 对零件轴测图进行标注，结果如图 9.32 所示。

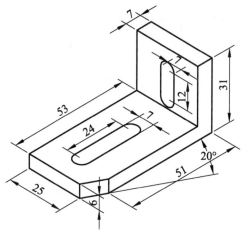

图 9.32 零件轴测图

9.3 复杂绘图案例剖析

复杂图形都是由基本图形组成的。

9.3.1 绘制复杂图形的步骤

绘制复杂图形的具体步骤：

（1）设置绘图环境；

① 工作空间设置；

② 绘图区域设置；

③ 绘图单位设置；

（2）设置图层；

（3）正交、捕捉模式及对象捕捉设置；

（4）绘制图形的中心线；

（5）绘制外围轮廓线；

（6）绘制内部线；

（7）标注尺寸；

（8）保存绘图文件；

（9）打印输出图形。

9.3.2　实例剖析

绘制如图9.33所示的图形。

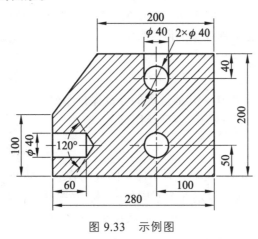

图9.33　示例图

1. 设置绘图环境

（1）工作空间设置。

① 在"工作空间"工具栏中单击其下拉按钮，在打开的列表中选择"AutoCAD 经典"选项并单击工具选项板上的"关闭"按钮。

② 在工具栏中任意位置单击鼠标右键，在弹出的快捷菜单中选择"标注"选项并将"标注"移动到适当位置。

③ 选择"工具→选项"菜单命令，打开"选项"对话框。单击"显示"选项卡，在"十字光标大小"栏中将十字光标的大小设置为25；单击"窗口元素"栏的"颜色"按钮，打开"图形窗口颜色"对话框，在"颜色"选项的下拉列表中选择"黑"选项；在"工具→选项→用户系统配置"选项卡设置"自定义右键单击"，在"默认模式"中选择"重复上一命令"，在"命令模式"栏中选中"确认"，完成设置，如图9.34所示。

④ 单击"状态栏"的"状态行菜单"按钮，在打开的快捷菜单中选择"捕捉模式"选项，取消该选项在状态栏的显示。使用相同的方法，取消"栅格""正交""极轴追踪""动态（UCS）""动态输入""对象捕捉追踪""显示/隐藏线宽"以及"快捷特性"选

图9.34　设置右键功能

项的显示。

（2）绘图区域设置。

根据图形大小用 LIMITS 命令设置绘图区域的大小，该命令可以改变栅格的长宽尺寸及位置。所谓栅格是点在矩形区域中按行、列形式分布形成的图案。当栅格在程序窗口中显示出来后，就可根据栅格分布的范围估算出当前绘图区域的大小了。

选择"格式→图形界限"菜单命令，或 limits 命令设置绘图区域，左下角（0，0），右上角（500，500）。

（3）绘图单位设置。

① 选择"格式→单位"菜单命令，打开"图形单位"对话框，以设置 AutoCAD 的绘图单位，如图 9.35 所示。

② 在"图形单位"对话框的"长度"栏中的"类型"选项下拉列表中选择"小数"选项，在"精度"选项的下拉列表中选择"0.00"选项。

③ 在"角度"栏中，将"类型"选项设置为"十进制度数"，将"精度"选项设置为"0"。

④ 在"图形单位"对话框中，其他选项的参数保持不变，如图 9.35 所示，单击"确定"按钮，返回绘图区。

2. 设置图层

由于该图包含了 3 种不同的线型，为了便于图线的管理，分别为剖面线、中心线、粗实线设定 3 个不同的图层，并把它们分别定义为 hatch（剖面线层）、center（中心线层）、solid（粗实线层）以及标注层。

图 9.35　"图形单位"对话框

单击"图层特性"按钮后，会弹出"图层特性管理器"对话框，在开始时只有 0 层，其他层为设定后的结果。请参照第 1 章图层设置部分，增加图层，设置颜色、线型和线宽，其设置参考表 9.1 所示图层清单。

表 9.1　图层清单

层　　名	颜　　色	线　　型	线　　宽
0	白色	Continuous	默认
粗实线	白色	Continuous	0.3 mm
中心线	红色（red）	Center	默认
剖面线	青色（cyan）	Continuous	默认

3. 正交、捕捉模式及对象捕捉设置

由于绘制水平、垂直线，需要捕捉直线的端点、中点、交点，显示线宽等。设置步骤如下：

（1）打开捕捉开关。

（2）打开正交开关。

（3）打开线宽开关。

（4）在应用程序状态栏中的对象捕捉按钮上右击，弹出如图 9.36 所示的菜单。

（5）设定对象捕捉模式为：端点、中点、圆心、交点和垂足，并打开"启用对象捕捉"复选框。最后单击确定按钮退出"草图设置"对话框。

图 9.36　"对象捕捉"设置菜单

4. 绘制外围轮廓线

（1）选择图层。

首先选择图层用于绘制外围轮廓线。单击"常用"选项卡"图层"面板中的"图层"下拉列表，单击"solid"层，如图 9.37 所示。

此时图层"solid"变成当前层，在此层上绘制的图形对象具有"solid"层的特性，线宽为 0.3 mm，颜色为黑色，线型为实线。

（2）绘制直线。

要绘制的外围轮廓线如图 9.38 所示，为便于描述，加上了端点标记符。

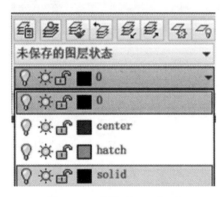

图 9.37　选择"solid"层

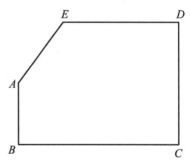

图 9.38　绘制外围轮廓线

5. 绘制图形的中心线

（1）选择图层。

水平中心线应位于中心线层上。在"图层"面板中单击"图层列表框"，从中选择"center"图层。此时相关的特性改成：红色，细点画线。

（2）绘制水平、垂直中心线，以两个圆的水平直径为方向画水平中心线，以两圆中心连线为垂直中心线，结果如图 9.39 所示。

6. 根据相对坐标及角度，绘制图形中的其他圆和边角

利用直线、圆、多段线等命令，在 solid 层绘制图形，结果如图 9.40 所示。

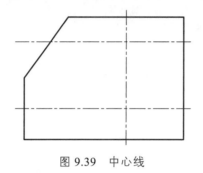

图 9.39　中心线

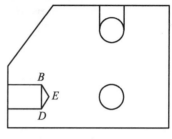

图 9.40　绘制结果

7. 绘制剖面线

（1）调整为"hatch"层，如图 9.41 所示。

（2）绘制剖面线

单击"绘图"面板中的"图案填充"按钮，弹出图 9.42 所示的"图案填充和渐变色"对话框。首先要设置填充图案类型、比例等参数。在该对话框中单击"图案"后的下拉列表框，弹出系列图案名，选择"ANSI31"，将比例改成 3。

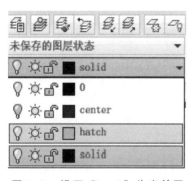

图 9.41　设置"hatch"为当前层

图 9.42　"图案填充和渐变色"对话框

设定好以上参数后，单击拾取点按钮 ![添加:拾取点] 。系统将返回绘图屏幕。在图形中需要绘制剖面线的范围内任意位置按下鼠标左键，系统自动找出一封闭边界，并高亮显示。右击鼠标，在弹出的菜单中选择"预览"。系统在选择的边界中绘制剖面线，如图 9.43 所示。

8. 标注尺寸

（1）建立一个名为"标注层"的图层，设置图层颜色为黄色，线型为"Continuous"，并使其成为当前层。

（2）创建新文字样式，样式名为"标注文字"，与该样式相

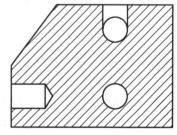

图 9.43　预览图案填充

关联的字体文件是"gbeitc.shx"和"gbcbig.shx"。

（3）创建一个尺寸样式，名称为"工程标注"，对该样式进行以下设置。

文字高度等于"8"，宽度因子为"0.7"，精度为"0"，小数点格式是"句点"。

文字对齐方式设置为"ISO 标准"。

标注文本与尺寸线间的距离是"0.8"。

尺寸起止符号为"实心闭合箭头标记"，其大小为"4"。

尺寸界线超出尺寸线的长度等于"1.5"。

尺寸线起始点与标注对象端点间的距离为"1.5"。

标注基线尺寸时，平行尺寸线间的距离为"8"。

标注全局比例因子为"1"。

使"工程标注"成为当前样式。

执行标注样式命令，创建"机械制图"尺寸标注样式，并在该样式的基础之上，创建"直径"和"角度"尺寸标注子样式。

（4）激活对象捕捉，设置捕捉类型为"端点""交点"。

（5）最后，执行线性标注命令，对图形的外围轮廓线进行标注；执行直径标注命令，对圆孔直径进行标注；执行角度标注命令，对左侧圆孔投影的角度进行标注，这样便完成了对图形的标注。

9. 保存绘图文件

为了防止由于断电、死机等意外事件导致的绘图数据丢失，应该养成编辑一段时间即保存的习惯。同时可以通过设置，指定某一时间间隔，由计算机自动存盘，具体设置方法参见第 4 章环境设置部分。绘图结束，也应保存文件后再退出。

10. 打印输出图形

最终的图形可以通过打印机或绘图机等设备输出。输出的格式可以通过图纸空间进行布局，也可以在模型空间中直接输出。一般采用布局来输出打印，若需要将多个图形或者将标题栏布置在一起打印，可选择"插入→块"，将计算机中的图形或制作好的标题栏样本以插入外部图块文件的方式插入到图纸空间中。完成图纸布局后，再进行部分打印参数的设置，即可打印出图。点取"快速访问"工具栏中打印按钮，弹出"打印→布局"对话框。在"打印→布局"对话框中，首先要选择"打印机/绘图仪"，然后单击预览按钮可以模拟输出的结果。预览图形跟页面设置有关，可能和原图所示结果略有区别。如果在 Windows 中打印机或绘图机已安装设定好并处于等待状态，单击确定按钮则直接在输出设备上形成硬拷贝。输出成功一般会在右下角出现如图 9.44 所示的信息。详细的打印输出操作参见第 8 章。

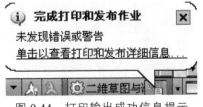

图 9.44　打印输出成功信息提示

9.4　机械图的标注

机械形体的投影图，虽然已经清楚地表达形体的形状和各部分的相互关系，但还必须注上足够的尺寸，才能明确形体的实际大小和各部分的相对位置。在标注机械形体的尺寸时，要考虑两个问题：即投影图上应标注哪些尺寸和尺寸应标注在投影图的什么位置，也可理解为标示标记。

9.4.1　机械图标注步骤

（1）标注定形尺寸。

（2）标注定位尺寸。

（3）标注总体尺寸。

（4）标注尺寸公差。

（5）标注形位公差。

（6）标注粗糙度。

（7）检查标注。

9.4.2　机械图标注规范

（1）对于装配图（总装图、部装图）的标注：

① 关键的配合尺寸（包括偏差代号，不用标注偏差值）。

② 机件的真实大小应以图样上所注的尺寸数值为依据,与图形的大小及绘图的准确度无关。

③ 安装尺寸（零件与其他零部件直接配合的尺寸如：轴与轴承，连接件尺寸如：螺栓直径、位置等，零件的外形尺寸）。

④ 最大尺寸（指实际要素在最大实体状态下的极限尺寸）。

⑤ 图样中所标注的尺寸，为该图样所示机件的最后完工尺寸，否则应另加说明。

⑥ 安装后的关键形位公差（如垂直度、平行度、位置度等）。

⑦ 细部尺寸一般不用标注。

⑧ 安装后的技术要求。

（2）对于零件图（也有的称谓部件图）的标注：

在标注零件类零件的尺寸时，常以它的轴线作为径向尺寸基准。这样就把设计基准和加工时的工艺基准（轴类零件在车床上加工时，两端用顶针顶住轴的中心孔）统一起来了，而长度方向的基准常选用重要的端面、接触面（轴肩）或加工面等。

① 所有尺寸全部标注（零件图是制造的唯一蓝图）。

② 机件的每一尺寸，一般只标注一次，并应标注在反映该结构最清晰的图形上。

③ 对于偏差的标注：大批量的产品标注偏差代号，小批量的产品标注偏差值，试制产品即标注偏差代号同时还要标注偏差值。

④ 标注安装后的技术要求。

⑤ 图样中（包括技术要求和其他说明）的尺寸，以毫米为单位时，不需标注计量单位的代号或名称，如采用其他单位，则必须注明相应的计量单位的代号或名称。

9.4.3　实例剖析

1. 实例剖析 1 —— 零件剖面图的标注

请标注图 9.45 所示图形，结果如图 9.46 所示。

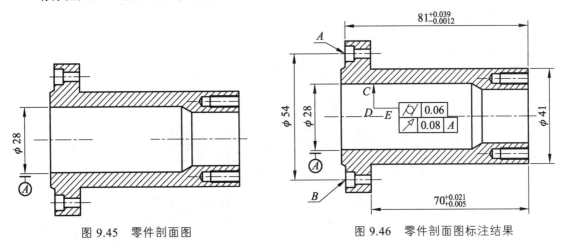

图 9.45　零件剖面图　　　　　图 9.46　零件剖面图标注结果

（1）设置标注样式。

① 选择"文件→打开"菜单命令，打开文件。

② 选择"格式→标注样式"菜单命令，打开"标注样式管理器"对话框。

③ 单击"新建"按钮，打开"创建新标注样式"对话框。

④ 在"新样式名"选项后的文本框中输入"机械制图"，单击"继续"按钮，打开"新建标注样式：机械制图"对话框。

⑤ 单击"线"选项卡，在"尺寸界线"栏中，将"超出尺寸线"选项设置为 1，将"起点偏移量"选项设置为 1.2。

⑥ 单击"符号和箭头"选项卡，在"箭头"栏中，将"第一个""第二个"和"引线"选项都设置为"实心闭合"选项，将"箭头大小"选项设置为 2.5，在"圆心标记"栏中选中"无"单选项。

⑦ 单击"文字"选项卡，在"文字外观"栏中，将"文字高度"选项设置为 3.5，在"文字位置"栏中，将"垂直"选项设置为"上方"，将"水平"选项设置为"居中"，将"从尺寸线偏移"选项设置为 1，在"文字对齐"栏中选中"与尺寸线对齐"单选项。

⑧ 单击"主单位"选项卡，在"线性标注"栏中，将"精度"选项设置为 0，分隔符为"句点"。

⑨ 单击"确定"按钮，返回"标注样式管理器"对话框。

⑩ 单击"关闭"按钮，关闭"标注样式管理器"对话框，完成尺寸标注样式的创建和设置。

（2）零件直径标注。

① 打开"标注"工具栏上的"标注样式控制"下拉列表，在该列表中选择"机械制图"。

② 打开自动捕捉，设置捕捉类型为"端点""交点"。

③ 标注尺寸"$\phi54$""$\phi41$"。

命令：dimlinear

指定第一条尺寸界线原点或<选择对象>：

指定第二条尺寸界线原点：

指定尺寸线位置或[多行文字（M）/文字（T）]：t

输入标注文字<54>：%%C54

指定尺寸线位置：

标注文字=54

同理，在标注尺寸"$\phi41$"，结果如图 9.47 所示。

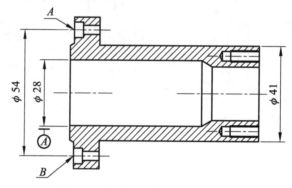

图 9.47　标注尺寸"$\phi54$""$\phi41$"

（3）零件形位公差标注。

① 启动 QLEADER 命令，AutoCAD 提示"指定第一个引线点或[设置（S）]<设置>"，直接按"Enter"键，打开"引线设置"对话框，在"注释"选项卡中选择"公差"单选项，如图 9.48 所示。

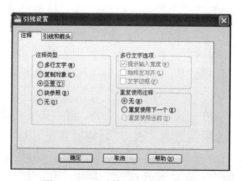

图 9.48　"引线设置"对话框

② 单击"确定"按钮，AutoCAD 提示：

指定第一个引线点或[设置（S）]<设置>：

指定下一点：

指定下一点：

AutoCAD 打开"形位公差"对话框，在该对话框中输入公差值，如图 9.49 所示，标注完成的形位公差如图 9.50 所示。

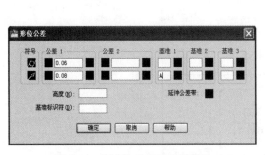

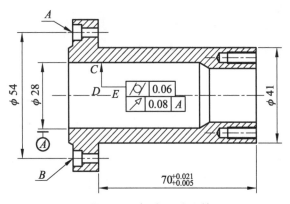

图 9.49　"形位公差"对话框　　　　　图 9.50　标注形位公差

（4）零件尺寸公差标注。

① 单击"标注"工具栏上的 按钮，打开"标注样式管理器"对话框，单击"替代"按钮，打开"替代当前样式"对话框，单击"公差"选项卡，打开新的一页。

② 在"方式""精度""垂直位置"下拉列表中分别选择"极限偏差""0.000"和"中"，在"上偏差""下偏差"和"高度比例"文本框中分别输入"0.021""－0.005""0.75"，如图 9.51 所示。

③ 返回 AutoCAD 图形窗口，标注尺寸"70"，结果如图 9.52 所示。

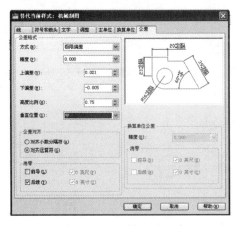

图 9.51　"公差"选项卡　　　　　图 9.52　标注尺寸公差

④ 标注尺寸 $81^{+0.039}_{-0.012}$。单击"标注"工具栏上的 按钮，打开"标注样式管理器"对话框，单击"替代"按钮，打开"替代当前样式"对话框，单击"公差"选项卡，打开新的一页。

⑤ 执行尺寸公差标注命令，打开"标注样式管理器"对话框，在该对话框"样式"列表框中选择"机械制图"，然后单击"置为当前"按钮。

⑥ 采用堆叠文字方式标注尺寸公差，标注结果如图 9.53 所示。

命令：dimlinear

指定第一条尺寸界线原点或<选择对象>：

指定第二条尺寸界线原点：

指定尺寸线位置或[多行文字（M）/文字（T）]：M（打开多行文字编辑器，在此编辑器中采用堆叠文字方式输入尺寸公差）如图 9.54 所示。

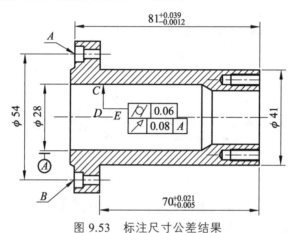

图 9.53　标注尺寸公差结果

图 9.54　"多行文字编辑器"

2. 实例剖析 2——绘制压盖

使用圆、直线、镜像和修剪等命令，完成压盖图形的绘制，其效果如图 9.55 所示。

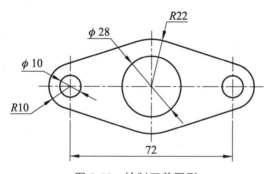

图 9.55　绘制压盖图形

绘图思路：

（1）使用圆命令，以辅助线的交点为圆心，分别绘制半径为 5，10，14 和 22 的圆，完成压盖轮廓圆及轴孔和螺孔圆的绘制。

（2）执行直线命令，并结合对象捕捉功能，绘制半径为 10 和 22 的圆切点间的连线。

（3）执行镜像命令，将绘制的直线进行上下镜像复制，并使用修剪命令将多余线条进行修剪处理。

（4）执行镜像命令，完成的右端图形进行镜像复制操作，并使用修剪命令将多余线条进行修剪处理。

绘制步骤如图 9.56 所示。

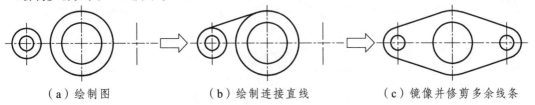

（a）绘制图　　　　　（b）绘制连接直线　　　　（c）镜像并修剪多余线条

图 9.56　绘制压盖的操作思路

3. 实例剖析 3 ——绘制零件棘轮

绘制如图 9.57 所示棘轮。

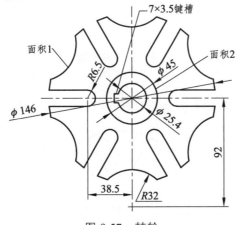

图 9.57　棘轮

绘图流程如下：

（1）设置绘图环境及标注层。

（2）绘制中心线。

选取中心线层为当前图层，选取适当位置画两条相互垂直的多段线。

选择 0 层为当前层，以同一点为圆心，分别画直径为 25.4、45、146 的同心圆，如图 9.58 所示。

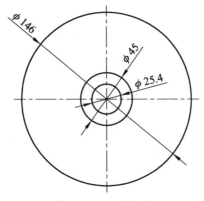

图 9.58　画三个定位圆

（3）绘制棘轮槽。

根据相对坐标位置，绘制半径为 6.5 和 32 的圆，如图 9.59 所示。

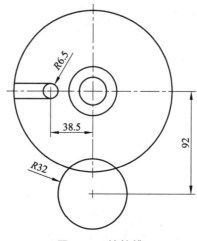

图 9.59　棘轮槽

（4）阵列棘轮圆弧与槽。

经过编辑命令编辑后，利用阵列命令绘制圆内的图形，个数为 6，如图 9.60 所示。

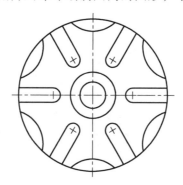

图 9.60　阵列棘轮圆弧与槽

（5）修剪棘轮圆弧与槽。

用修剪命令修剪图 9.60，得到修剪后的棘轮圆弧与槽，如图 9.61 所示。

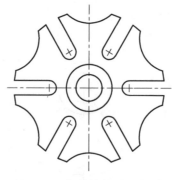

图 9.61　修剪棘轮圆弧与槽

提示：使用窗口选择全部对象时，对象相互为修剪边界，回车后直接点选要修剪的对象，这样可以提高修剪操作速度。注意：关闭中心线图层可以避免对修剪的影响。

（6）绘制多段线。

激活"修改多段线"命令（PEDIT），选择下拉菜单"修改→对象→多段线"，用 PEDIT 命令完成棘轮轮廓线合并操作，成为一整条多段线，如图 9.62 所示。

（7）画键槽。

利用修剪命令绘制键槽，如图 9.63 所示。

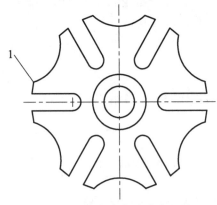

图 9.62　棘轮轮廓线合并成多段线图

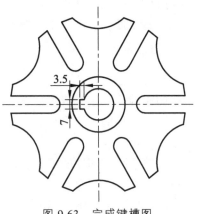

图 9.63　完成键槽图

（8）标注棘轮。

下拉菜单"标注→样式"打开"标注样式管理器"，选择"新建"按钮，输入新样式名"样式 1"，单击"继续"。

设置标注层为当前图层，由于棘轮零件图的标注比较复杂，所以必须定义多种标注样式，以便在标注时灵活选用。

① 设置"样式 1"：用于直径尺寸标注。在"主单位"选项卡中的"前缀"对话栏输入特殊符号："%%c"，标注时会自动生成圆直径符号"ϕ"。

② 设置"样式 2"：用于半径尺寸标注。

③ 设置引线样式：用于引线标注。

通过线性标注、半径标注、直径标注和引线标注对棘轮进行标注，最后完成棘轮的绘制如图 9.64 所示。

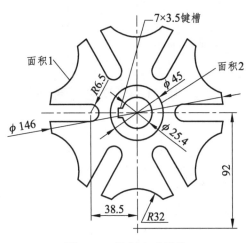

图 9.64　绘制完成棘轮

9.5　装配图

9.5.1　装配图基础

1. 装配图的定义

装配图是用来表达部件或机器的工作原理，零件之间的装配关系和相互位置，以及装配、检验、安装所需要的尺寸数据和技术文件。在设计过程中，一般都先画出装配图，再由装配图所提供的结构形式和尺寸拆画零件图；也可以根据已完成的零件图来拼画装配图。它主要用于机器或部件的装配、调试、安装、维修等场合，也是生产中一种重要的技术文件。

2. 装配图的作用

在产品或部件的设计过程中，一般是先画出装配图，然后再根据装配图进行零件设计，画出零件图；在产品或部件的制造过程中，先根据零件图进行零件加工和检验，再按照依据装配图所制订的装配工艺规程将零件装配成机器或部件；在产品或部件的使用、维护及维修过程中，也经常要通过装配图来了解产品或部件的工作原理及构造。

3. 装配图的内容

（1）一组视图。

一组视图正确、完整、清晰地表达产品或部件的工作原理、各组成零件间的相互位置和装配关系及主要零件的结构形状。

（2）必要的尺寸。

标注出反映产品或部件的规格、外形、装配、安装所需的必要尺寸和一些重要尺寸。

（3）技术要求。

在装配图中用文字或国家标准规定的符号注写出该装配体在装配、检验、使用等方面的要求。

（4）零、部件序号，标题栏和明细栏。

按国家标准规定的格式绘制标题栏和明细栏，并按一定格式将零、部件进行编号，填写标题栏和明细栏。

9.5.2　用 AutoCAD 绘制装配图

AutoCAD 绘制装配图步骤：

（1）确定图幅。根据部件的大小，视图数量，确定画图的比例、图幅的大小，画出图框，留出标题栏和明细栏的位置。

（2）布置视图。画各视图的主要基准线，并注意各视图之间留有适当间距，以便标注尺寸和进行零件编号。

（3）画主要装配线。从主视图开始，按照装配干线，从传动齿轮开始，由里向外画。

（4）完成装配图。包括校核底稿，进行图线加深，画剖面线、尺寸界线、尺寸线和箭头，编注零件序号，注写尺寸数字，填写标题栏和技术要求。

实例剖析

绘制如图 9.65 ~ 图 9.70 零件图，具体要求如下：

（1）按照样图 1：1 抄画阀体零件图，标注尺寸和技术要求；

（2）图纸幅面为 A3；

（3）不同的图线放在不同的图层上，尺寸标注要放在单独的图层上。

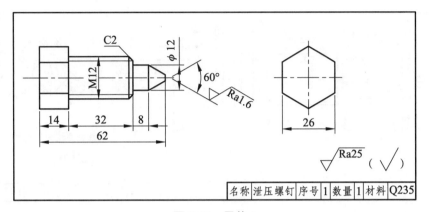

图 9.65　零件 1

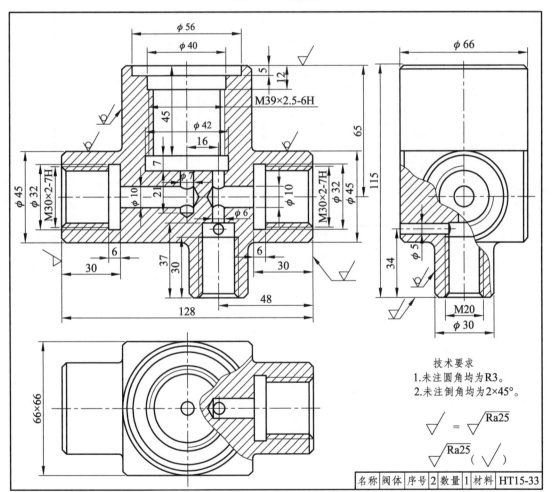

图 9.66　零件 2

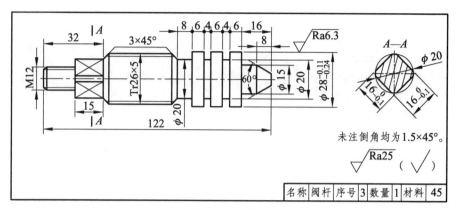

图 9.67　零件 3

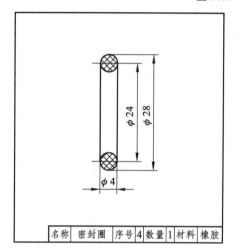
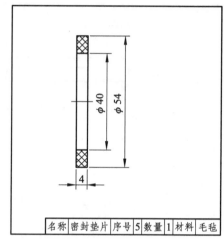

图 9.68　零件 4、5

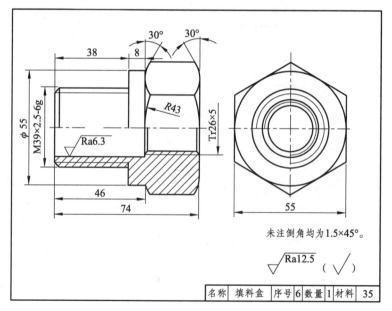

图 9.69　零件 6

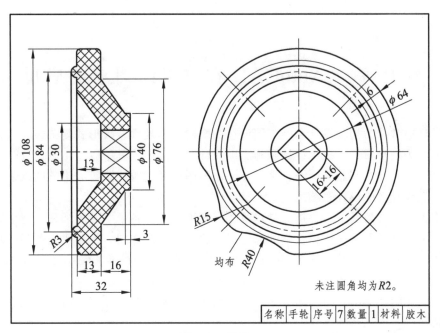

| 名称 | 手轮 | 序号 | 7 | 数量 | 1 | 材料 | 胶木 |

图 9.70 零件 7

画装配图具体要求如下：

（1）根据截止阀装配示意图（图 9.71）和零件图拼画截止阀的装配工作图（采用恰当的表达方法，按 1：1 比例，完整清晰的表达截止阀的工作原理、装配关系，并标注必要的尺寸。）

（2）图中的明细栏尺寸，可参照截止阀零件明细表（图 9.72）在标题栏上自行确定。

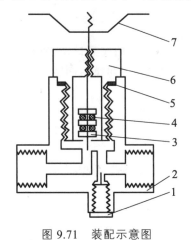

图 9.71 装配示意图

1—泄压螺钉；2—阀体；3—阀杆；
4—密封圈；5—密封垫片；
6—填料盒；7—手轮

序号	名称	件数	材料	备注
1	泄压螺钉	1	Q235	
2	阀体	1	HT15-33	
3	阀杆	1	45	
4	密封圈	2	橡胶	
5	密封垫片	1	毛毡	
6	填料盒	1	35	
7	手轮	1	胶木	

图 9.72 截止阀零件明细表

第 10 章　AutoCAD 在建筑绘图中的应用

　　建筑设计通常分为初步设计和施工图设计两个阶段，规模较大形式复杂或者非常重要的建筑也可能分为初步设计、技术设计和施工图设计三个阶段，其中以施工图设计阶段的图纸最为详细。通常需要绘制总平面图，平、立、剖面图以及建筑详图等大量的图纸来确保施工队伍能够实现设计者的设计意图。

　　建筑施工图通常情况下主要指的是建筑各层的平面图、各个立面图纸和一些主要和重要位置的剖面图纸、以及一些比较复杂的部位局部放大的建筑详图。绘制建筑图时必须严格遵守《房屋建筑制图统一标准》GB/T 5001—2017 和《建筑制图标准》GB/T 50104—2010 制图标准。只有熟悉现行的制图标准，才能在设计时绘制出符合要求的建筑图纸。本章将通过综合的建筑制图实例，详细介绍使用 AutoCAD 绘制建筑平面图、建筑立面图以及建筑剖面图的方法和技巧。

10.1　绘制建筑平面图

10.1.1　建筑平面图基础

1. 建筑平面图概念

　　建筑平面图是通过使用假想的水平剖切面，将建筑物在某层门窗洞口范围内剖开，移去剖切平面以上的部分，对剩下的部分作水平面的正投影图形成的。建筑平面图又简称平面图，一般通过它来表示建筑物的平面形状，房间的布局、形状、大小、用途，墙、柱的位置及墙厚和柱子的尺寸，门窗的类型、位置，尺寸大小，各部分的联系。

2. 用 AutoCAD 绘制建筑平面图的一般步骤

　　用 AutoCAD 绘制平面图的总体思路是先整体、后局部，主要绘制步骤如下：

　　（1）创建图层，如墙体层、轴线层、柱网层等。

　　（2）绘制一个表示作图区域大小的矩形，单击"标准"工具栏上的🔍按钮，将该矩形全部显示在绘图窗口中，再用 EXPLODE 命令分解矩形，形成作图基准线。此外，也可利用 LIMITS 命令设定绘图区域的大小，然后用 LINE 命令绘制水平及竖直的作图基准线。

　　（3）用 OFFSET 和 TRIM 命令绘制水平及竖直的定位轴线。

　　（4）用 MLINE 命令绘制外墙体，形成平面图的大致形状。

　　（5）绘制内墙体。

　　（6）用 OFFSET 和 TRIM 命令在墙体上形成门窗洞口。

　　（7）绘制门窗、楼梯及其他局部细节。

　　（8）插入标准图框，并以绘图比例的倒数缩放图框。

（9）标注尺寸，尺寸标注总体比例为绘图比例的倒数。

（10）书写文字，文字字高为图纸上的实际字高与绘图比例倒数的乘积。

3. 绘制建筑平面图的规范

用户在绘制建筑平面图时，应遵循相应的绘制要求，才能使绘制的图形符合规范。

（1）图纸幅面。

A4 图纸幅面是 210×297 mm，A3 图纸幅面是 297×420 mm，A2 图纸幅面是 420×594 mm，A1 图纸幅面是 594×841 mm，其图框的尺寸见相关的制图标准。

（2）图名及比例。

建筑平面图的常用比利是 $1 : 50$，$1 : 100$，$1 : 150$，$1 : 200$，$1 : 300$。图样下方应注写图名，图名下方应绘一条短粗实线，右侧应注写比例，比例字高宜比图名的字高小一号或二号。

（3）图线。

图线的基本宽度 b 可从下列线宽系列中选取：0.18 mm，0.25 mm，0.35 mm，0.5 mm，0.7 mm，1.0 mm，1.4 mm，2.0 mm。

当用户选用 A2 图纸时，建议选用 $b=0.7$ mm（粗线），$0.5b=0.35$ mm（中线）、0.25 mm（中线），$0.25b=0.18$ mm（细线）；当用户选用 A3 图纸时，建议选用 $b=0.5$ mm（粗线），$0.5b=0.25$ mm（中线），$0.25b=0.13$ mm（细线）。

在 AutoCAD 中，实线为 Continuous、虚线为 ACAD_ISOO2W100 或 Dashed、单点长画线为 ACAD_ISOO4W100 或 Center、双点长画线为 ACAD_ISOO5W100 或 Phantom。

（4）字体。

汉字字型优先考虑采用 hztxt.shx 和 hzst.shx；西文优先考虑 romans.shx 和 simplex 或 txt.shx。

（5）尺寸标注。

尺寸界限应用细实线绘制，一般应与被注长度垂直，其一端应离开图样轮廓线不小于 2 mm，另一端宜超出尺寸线 2~3 mm。

尺寸起止符号一般用中粗（$0.5b$）斜短线绘制，其斜度方向与尺寸界线成顺时针 45°，长度宜为 2~3 mm。半径、直径、角度与弧长的尺寸起止符号，宜用箭头表示。

互相平行的尺寸线，应从被注写的图样轮廓线由近向远整齐排列，应将大尺寸标在外侧，小尺寸标在内侧。尺寸线距图样最外轮廓之间的距离不宜小于 10 mm。平行排列的尺寸线的间距宜为 7~10 mm，并应保持一致。所有注写的尺寸数字均应离开尺寸线约 1 mm。

（6）剖切符号。

剖切位置线长度宜为 6~10 mm，投射方向线应与剖切位置线垂直，画在剖切位置线的同一侧，长度应短于剖切位置线，宜为 4~6 mm。为了区分同一形体上的剖面图，在剖切符号上宜用字母或数字，并注写在投射方向线一侧。剖切符号只标注在底层平面图中。

（7）指北针。

指北针是用来指明建筑物朝向的。圆的直径宜为 24 mm，用细实线绘制，指针尾部的宽度宜为 3 mm，指针头部应标示"北"或"N"。需用较大直径绘制指北针时，指针尾部宽度宜为直径的 1/8。指北针只在底层平面图中标注。

（8）高程。

高程符号用以细实线绘制的等腰直角三角形表示，其高度控制在 3 mm 左右。在模型控件绘图时，等腰直角三角形的高度值应是 30 mm 乘以出图比例的倒数。

高程符号的尖端指向被标注高程的位置。高程数字写在高程符号的延长线一端，以 m 为单位，注写到小数点的第 3 位。零点高程应写成"±0.000"，正数高程不用加"+"，但负数高程应注上"−"。

（9）引出线。

引出线应以细实线绘制，宜采用水平方向的直线，与水平方向成 30°、45°、60°、90°的直线，或经上述角度再折为水平线。文字说明宜注写在水平线的上方，也可注写在水平线的端部。

（10）详图索引符号。

图样中的某一局部或构件，如需另见详图，应以索引符号标出。索引符号是由直径为 10 mm 的圆和水平直径组成，圆及水平直径均以细实线绘制。详图的位置和编号，应以详图符号表示。

10.1.2 实例剖析

1. 实例剖析——绘制建筑平面图

使用构造线、多线、图块、文字及尺寸标注命令，完成建筑平面图形的绘制，如图 10.1 所示。

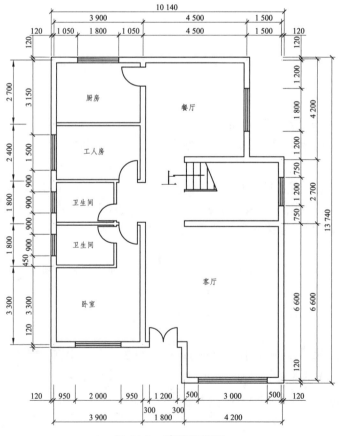

图 10.1　建筑平面图

操作思路：

① 执行图层命令，创建图层，使用构造线及偏移等命令，完成建筑平面图轴网的绘制。

② 执行多线命令并使用多线编辑命令，以及分解、偏移和修剪等命令，完成建筑平面图墙线的绘制。

③ 插入门、窗，并使用矩形、直线、阵列和多段线等命令完成门窗及楼梯等图形的绘制。绘制过程见图 10.2。

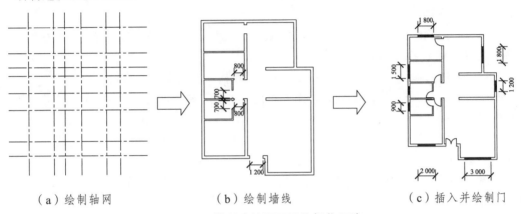

（a）绘制轴网　　　　　　（b）绘制墙线　　　　　　（c）插入并绘制门

图 10.2　绘制建筑平面图的操作思路

具体绘制步骤如下：

（1）绘制墙线。

① 新建"建筑平面图.dwg"图形文件，选择"格式→图层"菜单命令，打开"图案特性管理器"对话框，创建"门窗""墙线""轴线"和"标注"图层，将"轴线"图层的线型设置为 ACAD_IS008W100，并将"轴线"图层设置为当前图层，如图 10.3 所示。

图 10.3　图层设置

② 在命令行输入 XL，按"Enter"键执行构造线命令，绘制水平及垂直构造线，并使用偏移命令，将绘制的水平及垂直构造线进行偏移，其偏移距离参见如图 10.1 所示图形中的尺寸标注。

③ 将当前图层切换为"墙线"图层，在命令行输入 ML，按"Enter"键执行多线命令，在命令行提示"指定起点或 [对正（J）/比例（S）/样式（ST）]："后输入 s，按"Enter"键

选择"比例"选项。

④ 在命令行提示"输入多线比例<20.00>:"后输入 240，按"Enter"键指定多线的比例为 240。

⑤ 在命令行提示"指定起点或 [对正（J）/比例（S）/样式（ST）]:"后输入 j，选择"对正"选项。

⑥ 在命令行提示"输入对正类型 [上（T）/无（Z）/下（B）]<上>:"后输入 Z，按"Enter"键选择"无"选项。

⑦ 在命令行提示"指定起点或 [对正（J）/比例（S）/样式（ST）]:"后捕捉左上角构造线的交点，指定多线的起点。

⑧ 在命令行提示"指定下一点:"后捕捉右端构造线的交点，指定多线的第二点。

⑨ 使用相同的方法完成多线其余点的指定，在指定多线最后一点时，选择"闭合"选项，以完成完全封闭多线图形的绘制。

⑩ 在命令行输入 ML，按"Enter"键执行多线命令，使用相同的方法，完成其余三条多线的绘制。

⑪ 在命令行输入 ML，按"Enter"键执行多线命令，将多线的比例设置为 120，结果如图 10.4 所示。

⑫ 选择"修改→对象→多线"菜单命令，打开"多线编辑工具"对话框，如图 10.5 所示。

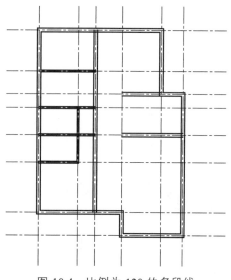

图 10.4　比例为 120 的多段线

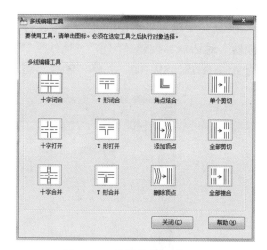

图 10.5　多线编辑工具

⑬ 单击"T 形打开"按钮，返回绘图区，在命令行提示"选择第一条多线:"后选择垂直多线，指定第一条多线。

⑭ 在命令行提示"选择第二条多线:"后选择封闭的一条多线，指定要执行 T 形打开操作的第二条多线。

⑮ 使用相同的方法，分别选择要进行 T 形打开操作的第一条和第二条多线，对多线进行编辑操作。

⑯ 选择"修改→对象→多线"菜单命令，打开"多线编辑工具"对话框，单击"十字打

开"按钮，返回绘图区，将比例为 120 的多线进行"十字打开"操作，如图 10.6 所示。

⑰ 在命令行输入 X，按"Enter"键执行分解命令，将所有的多线进行分解操作。

⑱ 在命令行输入 O，按"Enter"键执行偏移命令，将顶端水平直线向下进行偏移，其偏移距离分别为 420 和 1 220，如图 10.7 所示。

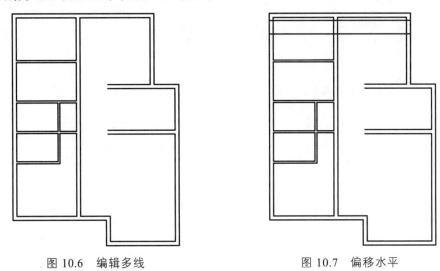

图 10.6　编辑多线　　　　　　　　　　图 10.7　偏移水平

⑲ 在命令行输入 TR，按"Enter"键执行修剪命令，将偏移的直线以及分解后的垂直多线进行修剪处理，如图 10.8 所示。

⑳ 执行偏移命令，将分解后的墙线进行偏移，并使用延伸和修剪命令将偏移线条进行修剪处理，其中两道宽度为 700 的门框距离垂直墙线的距离为 60，两道宽度为 800 的门框距离垂直墙线的距离为 120，宽度为 1 200 的门框距离垂直墙线的距离为 180，如图 10.9 所示。

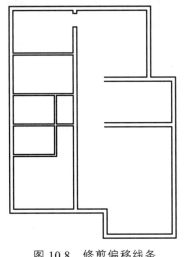
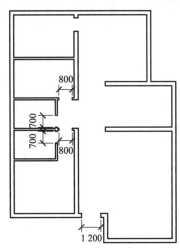

图 10.8　修剪偏移线条　　　　　　　　图 10.9　绘制其余门框

（2）绘制门窗及楼道。

① 在命令行输入 I，按"Enter"键执行插入命令，打开"插入"对话框，单击"浏览"按钮，打开"选择图形文件"对话框，在"搜索"下拉列表中指定文件的路径，在文件列表

中选择"门.dwg"图形文件，单击"打开"按钮，返回"插入"对话框。

② 在"比例"栏中选中"统一比例"复选框，在 X 选项后输入 0.8，在"旋转"栏的"角度"选项后输入 180，指定图块插入后的旋转角度，如图 10.10 所示。

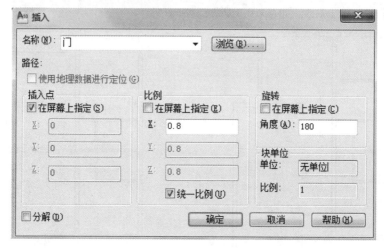

图 10.10　设置图块参数

③ 在命令行提示"指定插入点或 [基点（B）/比例（S）/X/Y/Z/旋转（R）]:"后捕捉垂直墙线的中点，指定图块的插入点，如图 10.11 所示。

④ 在命令行输入 MI，按"Enter"键执行镜像命令，选择插入的图块，指定镜像的图形对象，在命令行提示"指定镜像线的第一点:"后捕捉左端垂直墙线的中点，指定镜像线的第一点，如图 10.12 所示。

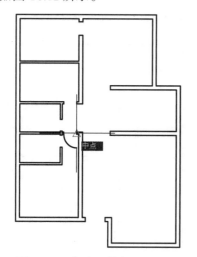

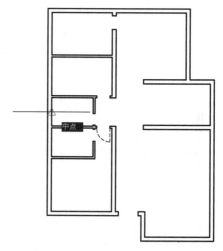

图 10.11　指定图块插入点图　　　　　图 10.12　指定镜像线第一点

⑤ 打开"正交"功能，将鼠标向右移动，在命令行提示"指定镜像线的第二点:"后在绘图区上拾取一点，指定镜像线的第二点，如图 10.13 所示。

⑥ 在命令行提示"要删除源对象吗？[是（Y）/否（N）] <N>:"后输入 N，按"Enter"键选择"否"选项，将门图形进行镜像复制，如图 10.14 所示。

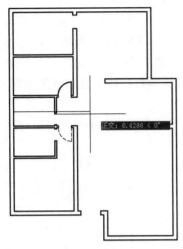
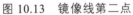

图 10.13 镜像线第二点

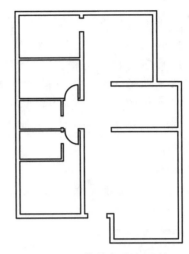

图 10.14 镜像复制门图块

⑦再次执行插入命令,插入"门.dwg"图块文件,并使用镜像等命令完成图形的绘制,如图 10.15 所示。

⑧ 在命令行输入 I,按"Enter"键执行插入命令,打开"插入"对话框,单击"浏览"按钮,打开"选择图形文件"对话框。

⑨ 选择"窗.dwg"图形文件,单击"打开"按钮,返回"插入"对话框,在"比例"栏中取消选中"统一比例"复选框,将 X 选项设置为 0.9,在"旋转"栏中,将"角度"选项设置为 90。

⑩ 单击"确定"按钮,返回绘图区,在命令行提示"指定插入点或 [基点(B)/比例(S)/旋转(R)]:"后捕捉捕捉垂直线的中点,指定图块的插入点。

⑪ 使用相同的方法插入"窗.dwg"图块文件,其中 X 选项的缩放比例参见前面所示图形文件中标注的尺寸。

注意:窗的画法:将 0 层设置为当前层。运用直线命令绘制一个长为 1 000,宽为 100 的矩形,并运用偏移复制命令在内部复制两条直线,偏移距离为 33,如果如图 10.16 所示。

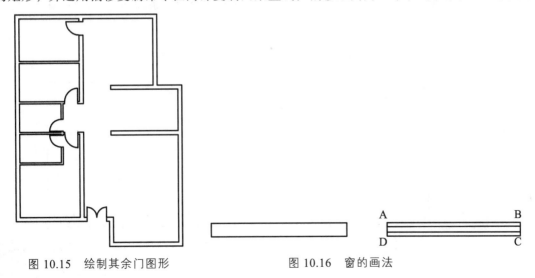

图 10.15 绘制其余门图形

图 10.16 窗的画法

⑫ 在命令行输入 REC，按"Enter"键执行矩形命令，捕捉墙线端点的对象捕捉追踪线，在命令行提示"指定第一个角点或 [倒角（C）/标高（E）/圆角（F）/厚度（T）/宽度（W）]:"后输入 1 140，按"Enter"键指定矩形的第一个角点，然后指定下一点。

⑬ 在命令行输入 L，按"Enter"键执行直线命令，捕捉墙线端点的对象捕捉追踪线，在命令行提示"指定第一点:"后输入 90，指定直线的第一点。

⑭ 在命令行提示"指定下一点或[放弃（U）]:"后捕捉矩形的垂足点，指定直线的端点，如图 10.17 所示。

⑮ 在命令行输入 AR，按"Enter"键执行阵列命令，打开"阵列"对话框，将"行"选项设置为 1，"列"选项设置为 5，在"偏移距离为方向"栏中将"列偏移"选项设置为 300，如图 10.18 所示。

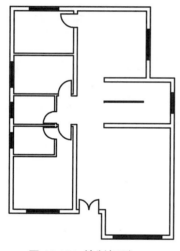

图 10.17　绘制矩形

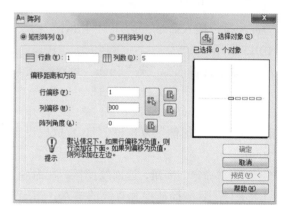

图 10.18　"阵列对话框"

⑯ 单击"选择对象"按钮，进入绘图区选择绘制的垂直直线，按"Enter"键返回"阵列"对话框，单击"确定"按钮，完成直线的阵列操作，如图 10.19 所示。

⑰ 在命令行输入 L，按"Enter"键执行直线命令，绘制一条剖切线，如图 10.20 所示。

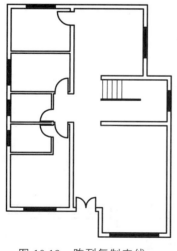

图 10.19　阵列复制直线

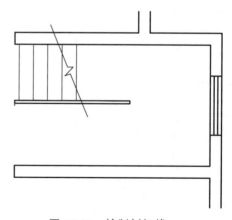

图 10.20　绘制剖切线

⑱ 在命令行输入 TR，按"Enter"键执行修剪命令，将绘制的直线和阵列直线，以及矩形进行修剪处理，如图 10.21 所示。

⑲ 在命令行输入 PL，按"Enter"键执行多段线命令，绘制一条箭头，其中箭头的"起点宽度"为 50，"端点宽度"为 0，如图 10.22 所示。

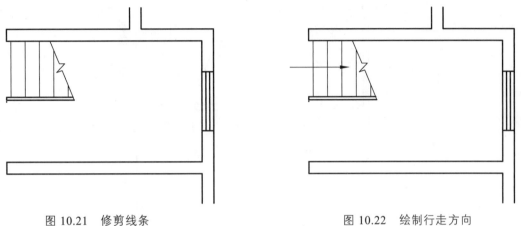

图 10.21　修剪线条　　　　　　　　　　图 10.22　绘制行走方向

（3）书写文字说明。

① 在命令行输入 TEXT，按"Enter"键执行单行文字命令，对楼梯的行走方向进行文字说明，文字样式为"仿宋_GB2312"，文字的高度设置为 500，宽度比例为 0.7，如图 10.23 所示。

② 执行复制命令，将单行文字进行复制，并双击复制的单行文字，对文字内容进行更改，如图 10.24 所示。

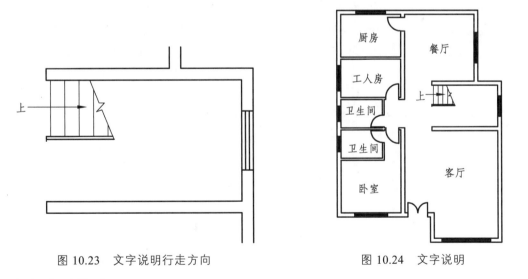

图 10.23　文字说明行走方向　　　　　　图 10.24　文字说明

（4）平面图标注。

① 执行线性标注命令，对建筑平面图的尺寸进行详细标注，即第一道尺寸标注，如图 10.25 所示。

② 执行线性标注，以及连续标注命令，对建筑平面图进行第二道尺寸标注，如图 10.26 所示。

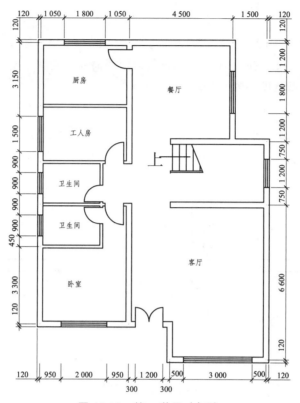

图 10.25 第一道尺寸标注

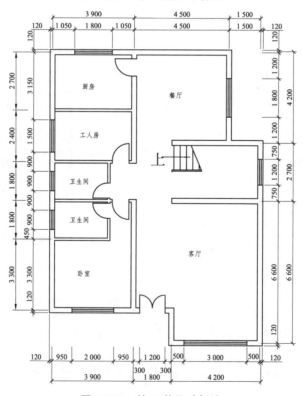

图 10.26 第二道尺寸标注

（5）插入图框和标题。

打开一个 A2 幅面的标准图框，利用 Windows 的复制/粘贴功能将 A2 幅面的图纸复制到平面图中，用 SCALE 命令缩放图框，缩放比例为 100，然后把平面图布置在图框中，如图 10.27 所示。

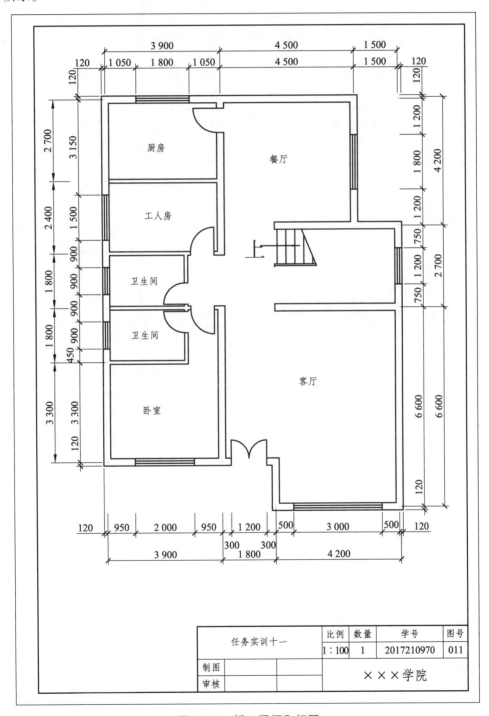

图 10.27　插入图框和标题

（6）输出和打印。

2. 实例剖析——绘制建筑平面图

绘制如图 10.28 所示的建筑平面图，绘图比例为 1：100，采用 A2 幅面的图框。为使图形简洁，图中仅标出了总体尺寸、轴线间距尺寸及部分细节尺寸。

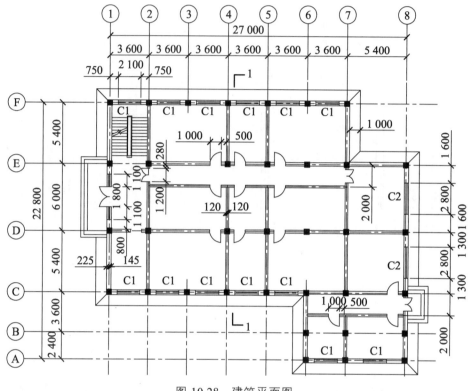

图 10.28　建筑平面图

绘图思路：

（1）创建表 10.1 所示图层。

当创建不同种类的对象时，应切换到相应图层。

表 10.1　图层列表

名称	颜色	线型	线宽
建筑-轴线	蓝色	Center	默认
建筑-柱网	白色	Contionous	默认
建筑-墙体	白色	Contionous	0.7
建筑-门窗	白色	Contionous	默认
建筑-台阶及散水	红色	Contionous	默认
建筑-楼梯	白色	Contionous	默认
建筑-标注	白色	Contionous	默认

（2）设定绘图区域的大小为 40 000×40 000，设置总体线型比例因子为 100（绘图比例的倒数）。

（3）激活极轴追踪、对象捕捉及自动追踪功能。设置极轴追踪角度增量为 90°，设定对象捕捉方式为"端点""交点"，设置仅沿正交方向进行自动追踪。

（4）用 LINE 命令绘制水平及竖直的作图基准线，然后利用 OFFSET、BREAK 及 TRIM 等命令绘制轴线，如图 10.29 所示。

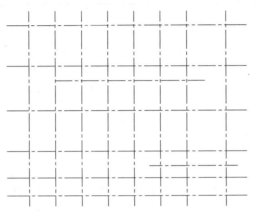

图 10.29　水平及竖直的作图基准线

（5）在屏幕的适当位置绘制柱的横截面，尺寸如图 10.30（a）所示，先画一个正方形，再连接两条对角线，然后用"SOLID"图案填充图形，如图 10.30（b）所示，正方形两条对角线的交点可作为柱截面的定位基准点。

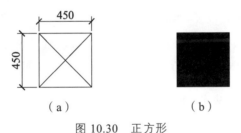

（a）　　　　　　　　（b）

图 10.30　正方形

（6）用 COPY 命令形成柱网，如图 10.31 所示。

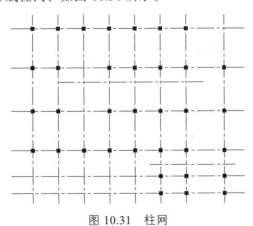

图 10.31　柱网

（7）创建两个多线样式，如表 10.2 所示。

表 10.2　多线样式

样式名	元素	偏移量
墙体-370	两条直线	145、－225
墙体-240	两条直线	120、－120

（8）关闭"建筑-柱网"层，指定"墙体-370"为当前样式，用 MLINE 命令绘制建筑物外墙体，再设定"墙体-240"为当前样式，绘制建筑物内墙体，如图 10.32 所示。

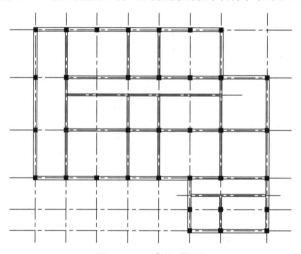

图 10.32　建筑-柱网

（9）用 MLEDIT 命令编辑多线相交的形式，再分解多线，修剪多余线条。

（10）用 OFFSET、TRIM 和 COPY 命令形成所有的门窗洞口，如图 10.33 所示。

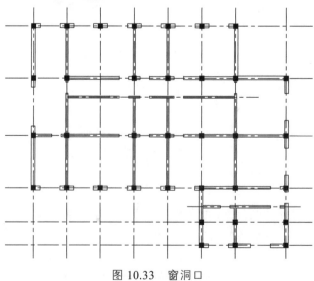

图 10.33　窗洞口

（11）利用"设计中心"插入"图例.dwg"中的门窗图块，这些图块分别是 M1000、M1200、

M1800 及 C370×100，再复制这些图块，如图 10.34 所示。

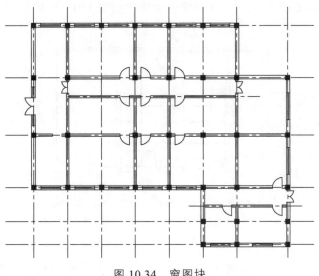

图 10.34　窗图块

（12）绘制室外台阶及散水，细节尺寸和结果如图 10.35 所示。

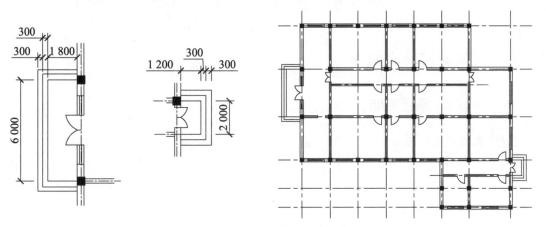

图 10.35　室外台阶及散水

（13）绘制楼梯，楼梯尺寸如图 10.36 所示。

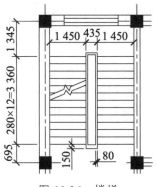

图 10.36　楼梯

（14）打开样板文件 A2 幅面的图框，利用 Windows 的复制/粘贴功能将 A2 幅面的图纸复制到平面图中，用 SCALE 命令缩放图框，缩放比例为 100，然后把平面图布置在图框中，如图 10.37 所示。

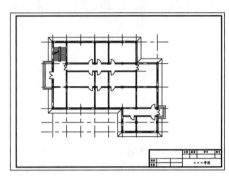

图 10.37　缩放平面图

（15）标注尺寸，尺寸文字的字高为 2.5，全局比例因子为 100。

（16）利用设计中心插入"图例.dwg"中的标高块及轴线编号块，并填写属性文字，块的缩放比例因子为 100。

（17）将文件以名称"平面图.dwg"保存，文件将用于绘制立面图和剖面图。

10.2　绘制建筑立面图

10.2.1　建筑立面图基础

1. 建筑立面图的概念

建筑立面图是按不同投影方向绘制的房屋侧面外形图，它主要反映房屋的外貌和立面装饰情况，其中反映主要入口或比较显著地反映房屋外貌特征的立面图称为正立面图，其余立面图称为背立面、侧立面。房屋有 4 个朝向，常根据房屋的朝向命名相应方向的立面图，如南立面图、北立面图、东立面图和西立面图等。

2. 用 AutoCAD 绘制建筑立面图的步骤

可将平面图作为绘制立面图的辅助图形，先从平面图绘制竖直投影线，将建筑物的主要特征投影到立面图上，然后再绘制立面图的各部分细节。

绘制立面图的主要过程如下：

（1）创建图层，如建筑轮廓层、窗洞层及轴线层等。

（2）通过外部引用方式将建筑平面图插入到当前图形中，或者打开已有的平面图，将其另存为一个文件，以此文件为基础绘制立面图，也可利用 Windows 的复制/粘贴功能从平面图中获取有用的信息。

（3）从平面图绘制建筑物轮廓的竖直投影线，再绘制地平线、屋顶线等，这些线条构成了立面图的主要布局线。

（4）利用投影线形成各层门窗洞口线。

（5）以布局线为作图基准线，绘制墙面细节，如阳台、窗台及壁柱等。

（6）插入标准图框，并以绘图比例的倒数缩放图框。

（7）标注尺寸，尺寸标注总体比例为绘图比例的倒数。

（8）书写文字，文字字高为图纸上的实际字高与绘图比例倒数的乘积。

10.2.2　实例剖析

绘制建筑立面图，如图 10.38 所示。绘图比例为 1∶100，采用 A3 幅面的图框。

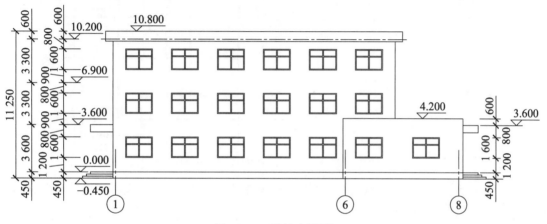

图 10.38　建筑立面图

（1）创建表 10.3 所示图层。

当创建不同种类的对象时，应切换到相应图层。

表 10.3　图层列表

名称	颜色	线型	线宽
建筑-轴线	蓝色	Center	默认
建筑-构造	白色	Contionous	默认
建筑-轮廓	白色	Contionous	0.7
建筑-地坪	白色	Contionous	1.0
建筑-窗洞	红色	Contionous	0.35
建筑-标注	白色	Contionous	默认

（2）设定绘图区域的大小为 40 000×40 000，设置总体线型比例因子为 100（绘图比例的倒数）。

（3）激活极轴追踪、对象捕捉及自动追踪功能。设置极轴追踪角度增量为 90°，设定对象捕捉方式为"端点""交点"，设置仅沿正交方向进行自动追踪。

（4）利用外部引用方式将第 8 章创建的文件"平面图.dwg"插入到当前图形中，再关闭该文件的"建筑-标注"及"建筑-柱网"层。

（5）从平面图绘制竖直投影线，再用 LINE、OFFSET 及 TRIM 命令绘制屋顶线、室外地坪线和室内地坪线等，细部尺寸和结果如图 10.39 所示。

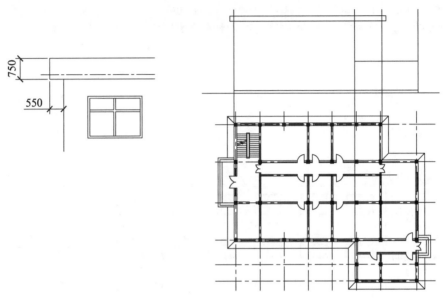

图 10.39　屋顶线、室外地坪线和室内地坪线

（6）从平面图绘制竖直投影线，再用 OFFSET 及 TRIM 命令形成窗洞线，如图 10.40 所示。

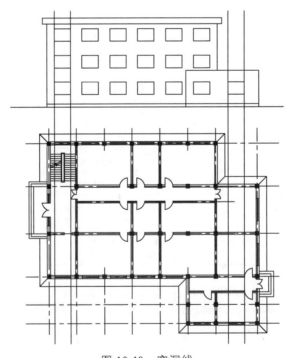

图 10.40　窗洞线

（7）绘制窗户，细部尺寸和结果如图 10.41 所示。

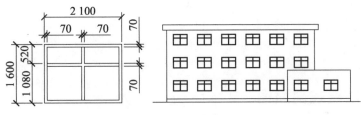

图 10.41　窗户

（8）从平面图绘制竖直投影线，再用 OFFSET 及 TRIM 命令绘制雨篷及室外台阶，结果如图 10.42 所示。雨篷厚度为 500，室外台阶分 3 个踏步，每个踏步高 150。

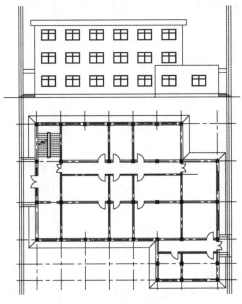

图 10.42　雨篷及室外台阶

（9）拆离外部引用文件，再打开素材文件"9-A3.dwg"，该文件中包含一个 A3 幅面的图框，利用 Windows 的复制/粘贴功能将 A3 幅面的图纸拷贝到立面图中，用 SCALE 命令缩放图框，缩放比例为 100，然后把立面图布置在图框中，如图 10.43 所示。

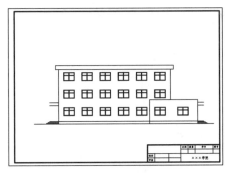

图 10.43　缩放图像

（10）标注尺寸，尺寸文字的字高为 2.5，全局比例因子为 100。

（11）利用设计中心插入"图例.dwg"中的标高块及轴线编号块，并填写属性文字，块的缩放比例因子为 100。

（12）输出与打印图纸。

10.3　绘制建筑剖面图

1. 建筑剖面图概念

剖面图主要用于反映房屋内部的结构形式、分层情况及各部分的联系等，它的绘制方法是假想用一个铅垂的平面剖切房屋，移去挡住的部分，然后将剩余的部分按正投影原理绘制出来。

剖面图反映的主要内容如下。

（1）垂直方向上房屋各部分的尺寸及组合。

（2）建筑物的层数、层高。

（3）房屋在剖面位置上的主要结构形式、构造方式等。

2. 用 AutoCAD 绘制建筑剖面图的步骤

将平面图、立面图作为绘制剖面图的辅助图形。将平面图旋转 90°，并布置在适当的位置，从平面图、立面图绘制竖直及水平的投影线，形成剖面图的主要特征，然后绘制剖面图各部分细节。

绘制剖面图的主要过程如下：

（1）创建图层，如墙体层、楼面层及构造层等。

（2）将平面图、立面图布置在一个图形中，以这两个图为基础绘制剖面图。

（3）从平面图、立面图绘制建筑物轮廓的投影线，修剪多余线条，形成剖面图的主要布局线。

（4）利用投影线形成门窗高度线、墙体厚度线及楼板厚度线等。

（5）以布局线为作图基准线，绘制未剖切到的墙面细节，如阳台、窗台及墙垛等。

（6）利用图案填充与渐变色命令完成剖切线的绘制。

第 11 章 AutoCAD 在矿山制图中的应用

在挖掘矿井时通常需要了解矿井地质图与测量图，在手工绘图阶段，由于矿图的复杂性，对手工绘图人员来说，劳动强度大、精力消耗多，绘制的图纸粗糙、精确度低、结构不紧凑，很容易出现错误，并且修改难，给人一种又脏又乱的感觉。对于复杂的矿图，可以通过 AutoCAD 中的各种功能来完成绘制。

11.1 矿山制图概述

矿图是反映矿井地质条件和井下采掘工程活动情况的矿山生产建设图的总称，矿图是煤矿企业中最重要的技术资料，是管理采矿企业和指导生产必不可少的基础图件，它对于正确地进行采矿设计、编制采掘计划、指导巷道的掘进和合理安排回采工作及各种工程需要都具有重要作用。矿山制图在工程上的应用包括矿体圈定、沿脉设计、天井设计、采剥量的验收计算和测量放线等。

1. 矿山制图的分类

生产矿井必备的基本矿图包括两大类：一类是矿井测量图，它是根据地面和井下实际情况测绘而成的；另一类是矿井地质图，它是根据矿井地质勘探资料和采掘过程中获得的地质信息而绘制的。两类矿图之间存在着密切的关系，矿井测量图是绘制矿井地质图的基础；而矿井测量图上的地质信息则是来源于可靠的矿井地质图。本章主要介绍矿井测量图。

根据投影方法和投影面的不同，可以将矿图分为平面投影图、竖直面投影图、断面图和立体图。根据成图方法分为原图和复制图两类。原图是根据实测、调整或收集的资料直接绘在聚酯薄膜或原图纸上的矿图，一般情况下原图不应直接用来晒图或使用。原图的副本被称为二底图。根据原图或二底图复制或编制而成的矿图称为复制图。矿山生产、建设过程中必须具备的主要图纸，称为基本矿图。《煤矿测量规程》规定的矿山基本矿图和常用绘制比例见表 11.1。

表 11.1 采矿制图常用比例

图名	常用比例			
矿区井田划分及开发方式图	平面 1：10 000	1：20 000	1：50 000	1：5 000
	剖面 1：2 000	1：5 000		
井田开拓方式图、开拓巷道工程图	平面 1：5 000	1：10 000	1：2 000	断面：1：50
	剖面 1：2 000	1：5 000		
采区巷道布置及机械配备图	平面 1：2 000	1：5 000	1：10 000	断面：1：50
	剖面 1：2 000			
井底车场布置图	平面 1：500	1：200	1：1 000	断面：1：50
	剖面 1：50			

图名	常用比例			
井底车场线路及水沟坡度图	水平　　1：500 垂直　　1：100　　　1：50 平面　　1：1 000		断面：1：50	
主要巷道布置图	平面　　1：500 剖面　　1：500	1：1 000	1：200	断面：1：50
安全煤柱图	1：2 000			
井筒布置图	平面　　1：20 剖面　　1：20	1：50 1：50	1：100	1：200
硐室布置图	平面　　1：50 剖面　　1：50 断面　　1：50	1：100 1：100	1：200 1：200	
采区车场布置图	平面　　1：200 剖面　　1：200 断面　　1：50	1：500 1：100	1：100	
各种详图	1：2	1：5	1：10	

2. 矿山绘图中的绘图规范

为统一冶金矿山采矿设计制图标准，进一步提高图面质量，使设计者有章可循，审核有据可查，使设计和施工之间有简捷共同语言，特制定统一的标准。采矿专业各设计阶段的图纸，必须按标准绘制。设计图纸必须满足设计深度要求。制图中涉及其他专业时，应按有关专业制图标准执行。必须认真编排好图纸目录，各图纸之间应衔接合理，协调统一。制图中应做到比例选择适合，图面布局合理，表达设计意图全面、清楚，图形投影正确，线条粗细适度，数字、文字和符号清晰，图面整洁。图纸中使用的简化汉字、计量单位的名称及符号，必须按照国家现行规定标准执行。

11.2　绘制矿图的一般步骤

借助于计算机数据库及绘图软件的支持，研制出专门的矿图绘制系统，来完成矿图的自动绘制过程。计算机矿图绘制系统应具备以下步骤：

（1）图形数据的采集与输入。

野外或井下测量数据可采用电子手簿、便携机等设备将观测数据成果记录下来，并传输给主机，也可采用手工记录，键盘输入主机。已有的图件资料可通过扫描仪或数字化仪采集，并输入主机。

（2）处理数据。

通过野外或井下采集的图形数据量相当庞大，数据格式既有几何数据又有属性数据和拓扑关系。因此，需要通过图形数据的组织和处理，经过编码、坐标计算、组织实体拓扑信息，将这些几何信息、拓扑信息、属性数据按一定的方式分类存储，形成基本信息数据库。根据矿图绘制的特点和要求，可将现有图例形成图例库，将巷道、硐室、井筒等矿图基本图素形成图素库，以便于用图素拼接法成图，简化绘图方法，加快成图速度。

（3）图形的编辑与生成。

其成图方法可分两种类型。一是在 AutoCAD 环境下成图，即在外部利用高级语言形成 AutoCAD 的可识文件，再回到 AutoCAD 环境下成图，或者直接使用 AutoCAD 的内部语言编程并生成图形。二是在外部高级语言环境下，在进行数据处理的同时直接生成 AutoCAD 的图形文件。

（4）矿图的动态修改。

绘制的矿图要随矿井采掘活动的进程不断修改与填绘，才能保证其现势性。因此矿图绘制系统应具备随时修改数据库中的数据、及时地修改和填绘矿图的功能。

（5）矿图的保存、显示和打印输出。

在矿图绘制过程中，各类矿图的图形数据来源、图形结构类型以及计算机绘图工艺特点各有不同，许多矿图内容都有重叠，一些复杂的矿图可由其他类似的矿图派生或编绘出来。例如，各类矿图的图框、图名、图例和坐标格网的注记等的格式基本类似，主要巷道平面图可由采掘工程平面图编绘而成，井上下对照图可由井田区域地形图和采掘工程平面图编绘而成。因此，可将不同类型的图素分层存放，通过层间组合形成多个图种。

11.3　矿图上尺寸的标注

（1）图上标注的尺寸，应能保证正确地指导生产和施工，同一尺寸一般只标注一次，并应标注在表示该结构最清晰的图形上；对表达设计意图没有实际意义的尺寸，不应标注。

采矿图形的尺寸一般以 m 为单位，不需标注其计量单位符号；如采用其他单位，则必须注明。

（2）尺寸线和尺寸界限画法：

① 尺寸线和尺寸界限用最细实线绘制。

② 尺寸线的两端应画上与尺寸线成 45°，自右至左的短斜线（或平箭头）作为尺寸的起止；但对于圆弧、角弧或曲率半径的尺寸线端头必须用平箭头表示，平箭头长度为 3～5 mm，短斜线长度为 1～3 mm。

③ 尺寸界限应越出尺寸线 3～5 mm，并应保持一致。

④ 在标注线性尺寸时，尺寸线必须与所要标注的线段平行；尺寸界线应与尺寸线垂直；当尺寸界线过于贴近轮廓线时，允许倾斜画出，如图 11.1 所示。

⑤ 尺寸界线应自图形的轮廓线、轴线或中心线处引出，也可以利用轮廓线或中心线、轴线代替；尺寸线不应以其他图线代替，一般也不应与其他图线重合或画在其延长线上。

⑥ 互相平行的尺寸线的间距，以及尺寸线至轮廓线、中心线、轴线的距离取 7～10 mm。

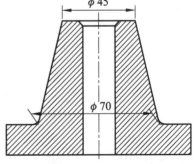

图 11.1　标注线性尺寸

⑦ 在光滑过渡处标注尺寸时，必须用最细实线将轮廓线延长，从其交点引出尺寸界线。

⑧ 当用折断方法表示视图、剖视、剖面时，尺寸也应完全画出，尺寸数字应按未折断前的尺寸标注，如图 11.2 所示。

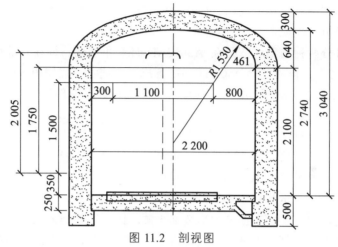

图 11.2　剖视图

（3）标高应按下列规定标注：

① 采矿图纸标高，一般应标注绝对标高；标注相对标高时，应注明与绝对标高的关系。

② 标高符号采用两侧成 45°的倒三角形表示，全部漆黑的表示绝对标高，空白的表示相对标高，如图 11.3 所示。

③ 标高符号标注于水平线上，其标高数字表示该水平线段的高程；标注于倾斜线上，表示该线段上该点的高程；标注在某个区段的空白处，则表示某区段内的高程。

图 11.3　标高符号

④ 标高以 m 为单位，一般精确到小数后三位；正数标高值前可不必冠以"+"号，负数标高值前应冠以"–"号；零点处标高注成 ± 0.000。

（4）采矿图上表示巷道、路堑、水沟等的坡度，应标注表示坡度的箭头，箭头指向下坡方向，箭头后标注坡度数字 × %（‰）变坡处应标出变坡界限。

5‰（%）——（巷道、路堑）；

4‰（%）——（水沟）。

（5）坐标标注。

① 绘制带有坐标网及勘探线的图纸时，应准确地按原始资料绘出，相邻勘探线或坐标网格之间的误差不得大于 0.5 mm；坐标网格也可用纵横坐标线交叉的大"+"字代替。

② 坐标值、高程、方向等，应根据计算结果填写。计算坐标过程中，角度函数值一般精确到小数点后 6~8 位；角度精确到秒；计算结果的坐标值以 m 为单位，精确到小数点后三位。

③ 除井（硐）口外，坐标值一般不直接标在图旁，应填入图旁的坐标表中；如坐标点很多，占用图幅面积很大时，可另用图纸附坐标表。

④ 井口坐标点的位置。

a. 竖井应给定两个坐标点：一是以井筒中心为坐标点，高程为锁口盘标高；另一点是以提升中心为坐标点，高程为轨面标高。

b. 辅轨斜井其上口和下口，以井筒提升中心线轨面竖曲线两切线的交点为坐标点。

c. 斜风井及不辅轨的斜井，以斜井井筒底板中心线与井口地面平面交点为坐标点。

d. 平硐在硐口轨面中心线上设坐标点，高程为轨面标高；无轨的平硐在硐口中心线上设坐标点，高程为底板标高。

（6）井筒方位角标注。

① 采用罐笼提升时，井筒的方位角系从北向起量至矿车的出车方向相平行的井筒中心线止。

② 采用箕斗提升时，井筒的方位角系从北向起量至箕斗在井口卸载方向相平行的井筒中心线止。

③ 无提升设备时，井筒方位角的标定必须在图上注明。

④ 斜井及平硐的方位角系从北向起量至其延深方向中心线止。

（7）储量和采矿工程量的数值应与图形一致，数值计算应达到必要的精度。

① 矿石量以吨或万吨为单位，分别计算到个位和小数点后两位；品位一般计算到小数点后两位；金属量计算到吨。对稀散元素和贵金属元素，品位应计算到小数点后三至四位；金属量以千克或吨为单位，计算到小数点后一位。

② 废石量以立方米和万立方米或吨及万吨为单位，分别计算到个位和小数点后两位。

③ 巷道长度以米为单位，计算到小数点后一位；

巷道的断面积以平方米为单位，计算到小数点后两位；

掘进体积以立方米为单位，计算到小数点后二位，总量只需计算到个位。

④ 木材和混凝土以立方米为单位，计算到小数点后两位，总量只需计算到个位。

⑤ 钢材重量以公斤为单位，计算到小数点后一位，总量只需计算到个位。

⑥ 金属支架、钢筋混凝土预制支架以架为单位。

⑦ 水沟盖板以块为单位。

⑧ 采准比、采掘比以米/万吨或立方米/万吨为单位，计算到小数点后两位。

⑨ 露天矿剥采比以吨/吨及立方米/立方米或立方米/吨为单位，计算到小数点后两位。

⑩ 所取数字以后的尾数均采用四舍五入。

11.4 矿图图例

为了便于绘图和读图，矿图必须采用统一的颜色、符号、说明和注记来表示矿图的对象，称为图例。1977 年和 1987 年，原煤炭工业部先后对 1955 年颁发的《矿山测量图图例》进行了两次修改，增加了煤田地质、矿井地质和水文地质图件的内容，并于 1989 年 7 月由原能源部以《煤矿地质测量图例》正式颁布执行。1991 年，原中国统配煤矿总公司制定了《煤矿地质测量图技术管理规定》，与《煤矿地质测量图例实施补充规定》配合执行。

矿山图例包括：各种边界线、地质图例、井筒图例、巷道图例、采掘机械图例、井下运输机械设备图例、井下通风、排水机械设备图例、常用矿图符号，共 9 大类，部分内容见表 11.2 和表 11.3。

表 11.2　边界线图例

序　号	名　　称	图　　例
1	勘探边界线	—————｜—————
2	矿区边界线	—————‖—————
3	井田境界线	—————＋—————
4	煤柱边界线	—————○—————
5	采区边界线	—————— ———————
6	可采边界线	—————▲—————

表 11.3　地质图例

序 号	名 称	图 例
1	煤层露头线、煤层氧化带和煤层风化带	
2	煤层等高线	
3	平衡表内储量块段	
4	见煤钻孔	
5	未见煤钻孔	
6	见煤斜孔	
7	向斜轴	
8	背斜轴	
9	正断层	
10	逆断层	
11	断层编号及注记	
12	断层上、下盘	
13	断层裂隙带	
14	断层破碎带	
15	断层	
16	陷落柱	
17	指北针	
18	村庄	
19	河流	

11.5　矿图的辨识

在各种基本矿井测量图中，采掘工程平面图是最有代表性的重要基础矿图。本节以采掘工程平面图为例，介绍矿图的辨识与应用。

识读采掘工程平面图主要是搞清煤层的产状要素和地质构造以及井下各种巷道间的相互位置关系。

1. 煤层的产状要素和地质构造的识读

煤层的产状要素和地质构造主要是通过煤层底板等高线和有关矿图符号来识别。煤层的走向即煤层底板等高线的延伸方向，煤层的倾向是垂直于煤层底板等高线由高指向低的方向；煤层的倾角则需要通过计算煤层底板等高线的等高距和等高线平距之比的反正切来求取。煤层的地质构造则需要通过煤层底板等高线结合有关矿图符号一起来识读。如煤层底板等高线出现弯曲，一般说明是有褶曲构造；如煤层底板等高线出现中断或错开，则可能是由于陷落柱、断层等地质构造而引起的。在表11.3中列出的常用矿图符号表中，断层面交面线的上盘用"—·—·—"表示，下盘用"–×–×–"表示。至于断层要素可运用有关标高投影知识就可求出。

2. 各种巷道间相互关系的识别

采掘工程平面图上的巷道纵横交错，要识别它们间的相互关系和用途，不仅要具备标高投影的基本知识，还需有开采方法中有关巷道布置方面的知识。这里具体阐述各种巷道及其相互关系的识别方法。

（1）竖直巷道、水平巷道和倾斜巷道的辨别。

采掘工程平面图上竖直巷道是用专门符号来表示的，这时关键是区分它们与钻孔符号间的差异，注意钻孔符号一般是孤立的，而竖直巷道都是与其他巷道连通的。另外，还可利用注记的巷道名称进行区分，如主井、副井、暗立井、溜煤眼等一般均为竖直巷道。

水平巷道和倾斜巷道主要是通过巷道内导线点的标高来辨别，若巷道内导线点标高变化不大，则为水平巷道，否则为倾斜巷道。此外，也可利用巷道名称来辨别，如斜井、上山、下山等为倾斜巷道、平硐、石门、运输大巷等一般为水平巷道。

（2）煤巷和岩巷的辨别。

煤巷和岩巷的辨别主要是通过巷道处煤层底板等高线的标高与巷道内导线点标高间的关系来区分。若二者标高很近，则为煤巷，否则为岩巷；也可通过巷道名称区分一部分煤巷和岩巷，如石门、围岩平巷是岩巷，开切眼、运输顺槽、工作面回风巷等则大多为煤巷。

（3）巷道相交、相错或重叠区分巷道相交和相错主要是通过两条巷道内导线点标高间的关系。在采掘工程平面图上两条巷道相交，若交点标高相同（没有注明时，可通过内插标高的方法求得），则它们是相交的，否则它们是相错的。例如图11.4（a）中，巷道4与巷道1、巷道2均相交，而巷道3与巷道2则是相错的。此外，用双线绘巷道时，相错巷道交点处，上部巷道连续，下部巷道中断；相交巷道的交点线条均中断，如图11.4（b）所示。

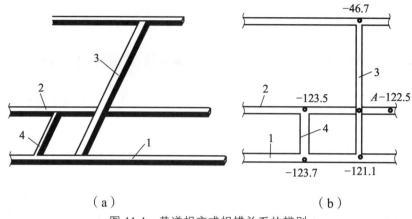

（a）　　　　　　　　　　　　　（b）

图 11.4　巷道相交或相错关系的辨别

重叠巷道是指两条标高不同的巷道位于同一竖直面内。此时，在采掘工程平面图上，它们是重叠在一起的，但通过巷道内导线点的标高可区分出上部巷道和下部巷道；另外，上部巷道是用实线绘出的，下部巷道则是用虚线绘制的，如图 11.5 所示。

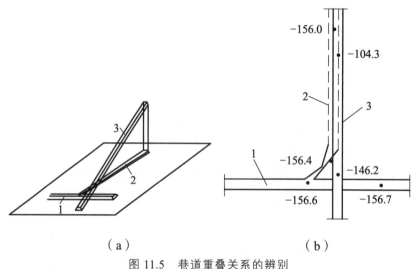

（a）　　　　　　　　　　　　　（b）

图 11.5　巷道重叠关系的辨别

3. 采掘工程平面图的识读举例

图 11.6 为某煤矿一个煤层的采掘工程平面图（缩小），比例尺为 1∶5 000，图中只绘出了矿井的一部分。由图可知矿井的井田边界、断层、勘探孔、标高、矿井主要巷道、1-2 层巷道、2-2 层巷道、2-3 层巷道等信息。

4. 采掘工程平面图的应用

采掘工程平面图是了解矿井采掘工程情况和地质构造情况，进行矿井采掘工程设计和采掘工程地质预报以及指挥矿井生产的重要资料，同时还可利用它来绘制生产计划图、通风系统图、井上下对照图和"三量"计算图等图纸。

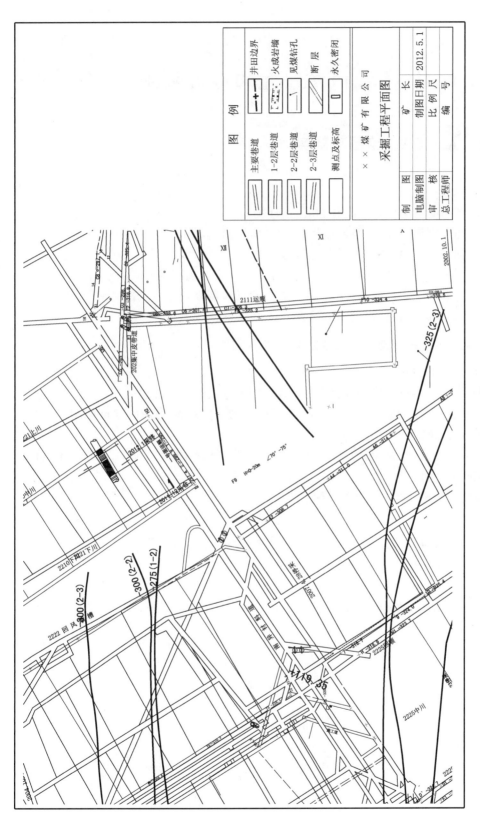

图 11.6　采掘工程平面图

第 12 章　工程应用实训

12.1　AutoCAD 绘图基础实训

学习目标：

（1）了解 AutoCAD 的工作空间和工作环境；

（2）熟悉并掌握 AutoCAD 图形界限与绘图单位的设置；

（3）掌握 AutoCAD 图层的设置与管理；

（4）熟悉并掌握 AutoCAD 中精确绘图正交、捕捉、追踪等模式的使用；

（5）熟悉并掌握工程绘图规范，标准标题栏的绘制以及样本文件的建立；

（6）了解 AutoCAD 绘制图形的过程。

1. 上机练习 1 —— 设置图形界限与绘图单位

（1）设置图形界限。

① 利用 AutoCAD 提供的样板文件"Acad.dwt"创建新文件。

② 打开程序窗口上部"工作空间"工具栏中的下拉列表，选择"AutoCAD 经典"选项，进入"AutoCAD 经典"工作空间。

③ 设置绘图区域的大小为"1 500 × 1 200"。打开栅格显示，单击"标准"工具栏上的按钮使栅格充满整个图形窗口。

④ 单击"绘图"工具栏上的 ⊘ 按钮。

⑤ 单击"标准"工具栏上的 ⊕ 按钮使圆充满整个绘图窗口。

⑥ 利用"标准"工具栏上的 ✥　　　 ⊗± 按钮移动和缩放图形。

⑦ 将文件命名为"User.dwg"并保存图形。

（2）设置绘图单位。

① 选择"格式→单位"菜单命令，打开"图形单位"对话框，以设置 AutoCAD 的绘图单位，如图 12.1 所示。

图 12.1　图形单位

② 在"图形单位"对话框的"长度"栏中的"类型"选项下拉列表中选择"小数"选项，在"精度"选项的下拉列表中选择"0.00"选项。

③ 在"角度"栏中，将"类型"选项设置为"十进制度数"，将"精度"选项设置为"0"。

④ 在"图形单位"对话框中，其他选项的参数保持不变，单击"确定"按钮，返回绘图区。

2. 上机练习 2——创建及设置图层

绘制 A3 图幅，创建图 12.2 所示图层并设置图层线型、线宽及颜色。

要求：

（1）按 1∶1 比例设置 A3 图幅（横放）一张，留装订边，画出图框线；

（2）按图 12.2 中规定设置图层及线型，并设定线型比例；

（3）按照国家标准的有关规定设置文字样式，然后画出并填写简化标题栏，不标注尺寸。

图 12.2　图层设置

12.2　AutoCAD 基本绘图命令实训

学习目标：

（1）熟悉并掌握 AutoCAD 基本绘图命令的定义；

（2）掌握 AutoCAD 基本绘图命令的应用；

（3）熟悉并掌握工程绘图基本规范；

（4）了解 AutoCAD 基本图形的绘制过程。

1. 上机练习 1——绘制平面图形

利用 LINE 及点的坐标、对象捕捉命令绘制平面图形，如图 12.3 所示。

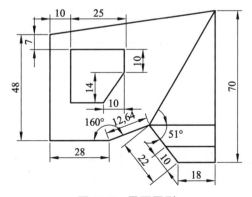

图 12.3　平面图形

操作提示：

（1）激活对象捕捉功能，设置捕捉方式为端点、交点及延伸点等。

（2）绘制直线 *AB*，*BC*，*CD* 等，如图 12.4 所示。

（3）绘制直线 *CF*，*CJ*，*HI*，如图 12.5 所示。

（4）绘制闭合线框 *K*，如图 12.6 所示。

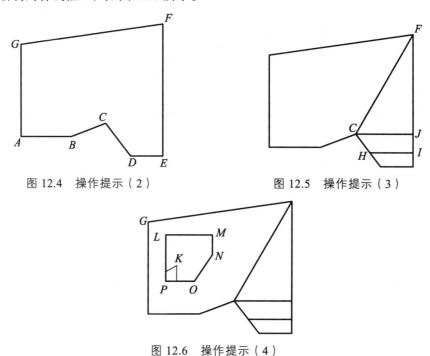

图 12.4　操作提示（2）　　　　图 12.5　操作提示（3）

图 12.6　操作提示（4）

2. 上机练习 2 —— 绘制平面图形

利用 LINE 及点的坐标、对象捕捉命令绘制平面图形，如图 12.7 所示。

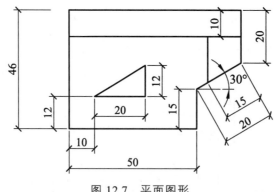

图 12.7　平面图形

3. 上机练习 3 —— 基本图层练习

根据前面图纸规范，绘制 A2、A3 图纸大小的标题栏并建立粗实线、细实线、中心线、虚线、剖面线、标注层、文字层等基本图层，并将绘制好的标题栏保存为样本文件（.dwt 格式），如图 12.8 所示。

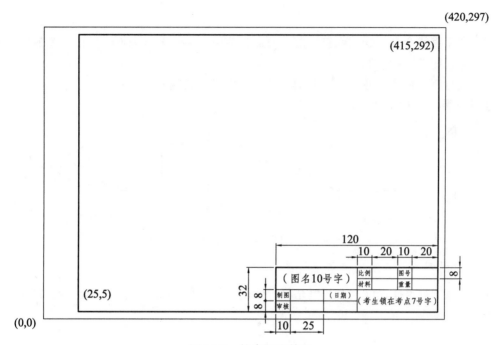

图 12.8　基本图层练习

4. 上机练习 4——按照 1 : 1 的比例绘制图 12.9

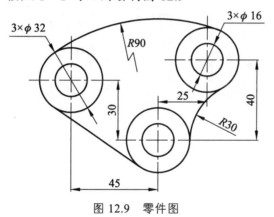

图 12.9　零件图

5. 上机练习 5——绘制螺钉主视图

使用直线命令完成螺钉主视图的绘制，绘制图形时，应结合极轴追踪功能、对象捕捉和正交等辅助功能来绘制该图形，完成后的效果如图 12.10 所示。

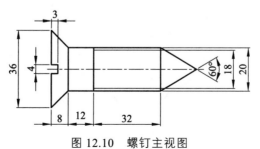

图 12.10　螺钉主视图

绘图思路：

（1）利用直线命令，绘制螺钉轮廓，绘制轮廓时，应结合极轴追踪、正交等辅助功能来进行螺钉主视图轮廓的绘制。

（2）执行直线命令，并结合对象捕捉功能，完成其余线条的绘制。

绘制步骤如图 12.11 所示。

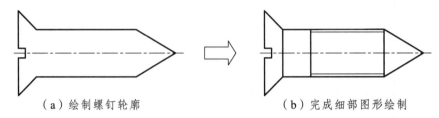

（a）绘制螺钉轮廓　　　　　　　　　　　（b）完成细部图形绘制

图 12.11　绘图主要步骤

6. 上机练习 6 ——绘制盘盖主视图

利用直线、对象捕捉以及图案填充等命令，完成盘盖主视图的绘制，最终效果如图 12.12 所示。

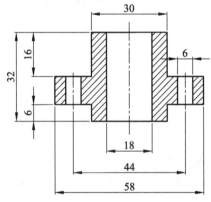

图 12.12　盘盖主视图

7. 上机练习 7 ——绘制图 12.13

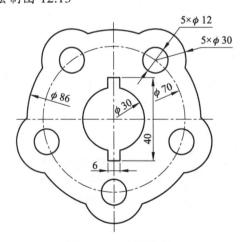

图 12.13　上机练习 7

8. 上机练习 8 —— 绘制图 12.14

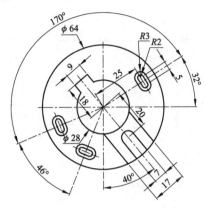

图 12.14　上机练习 8

9. 上机练习 9 —— 绘制图 12.15

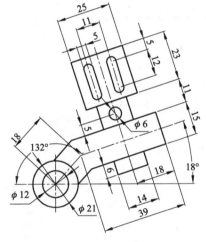

图 12.15　上机练习 9

10. 上机练习 10 —— 绘制图 12.16

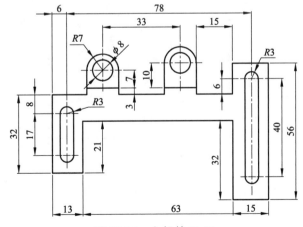

图 12.16　上机练习 10

11. 上机练习 11 ——绘制图 12.17

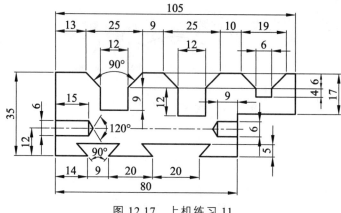

图 12.17　上机练习 11

12.3　AutoCAD 基本编辑命令实训

学习目标：

（1）熟悉并掌握 AutoCAD 基本编辑命令；

（2）能够在图形中熟练运用基本编辑命令；

（3）熟悉并掌握在什么情况下运用什么样的编辑命令。

1. 上机练习 1 ——绘制图 12.18 所示平面图形

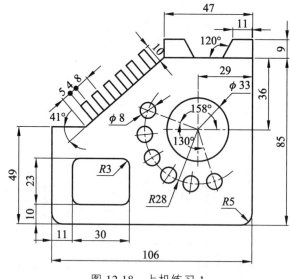

图 12.18　上机练习 1

2. 上机练习 2——绘制图 12.19 所示平面图形

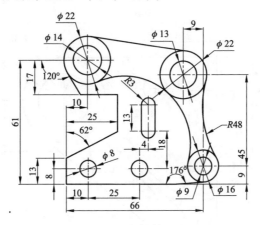

图 12.19　上机练习 2

3. 上机练习 3——绘制图 12.20 所示平面图形

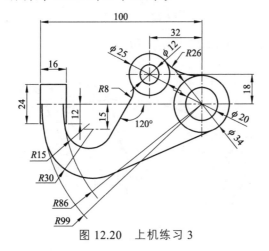

图 12.20　上机练习 3

4. 上机练习 4——绘制图 12.21 所示机械图

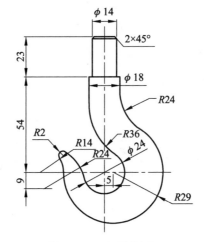

图 12.21　上机练习 4

5. 上机练习 5 ——绘制图 12.22 所示平面图形

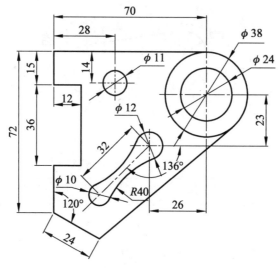

图 12.22　上机练习 5

6. 上机练习 6 ——绘制图 12.23 所示平面图形

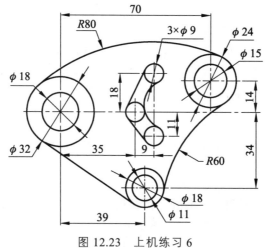

图 12.23　上机练习 6

7. 上机练习 7 ——绘制图 12.24 所示三视图

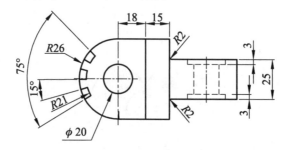

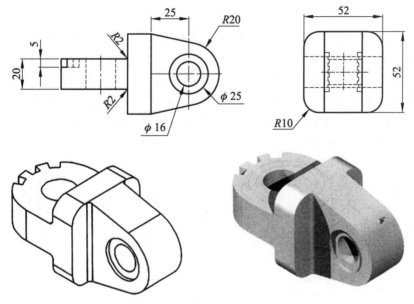

图 12.24　上机练习 7

12.4　AutoCAD 文字和尺寸标注命令实训

学习目标：

（1）掌握文字样式的设置；

（2）掌握单行文字和多行文字的使用；

（3）掌握尺寸标注样式的创建及设置；

（4）掌握尺寸标注命令的使用；

（5）掌握尺寸标注编辑使用的相关操作。

1. 上机练习 1 ——标注机座图形

创建并设置尺寸标注样式，在尺寸标注样式的基础上完成机座图形的尺寸标注，最终效果如图 12.25 所示。

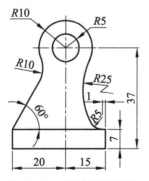

图 12.25　标注机座图形

操作思路：

（1）执行标注样式命令，创建"机械制图"尺寸标注样式，并在该样式的基础之上，创建"半径"和"角度"尺寸标注子样式。

（2）执行线性标注和基线标注命令，对机械的长度型尺寸进行尺寸标注处理。

（3）执行半径标注命令，对机座图形中的圆及圆弧类图形进行尺寸标注。

（4）执行角度标注命令，对倾斜线与水平线之间的角度进行角度尺寸标注。

绘制步骤如图 12.26 所示。

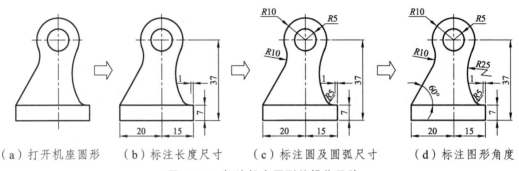

（a）打开机座圆形　　（b）标注长度尺寸　　（c）标注圆及圆弧尺寸　　（d）标注图形角度

图 12.26　标注机座图形的操作思路

2. 上机练习 2——零件轴的标注

标注图 12.27 所示的轴。

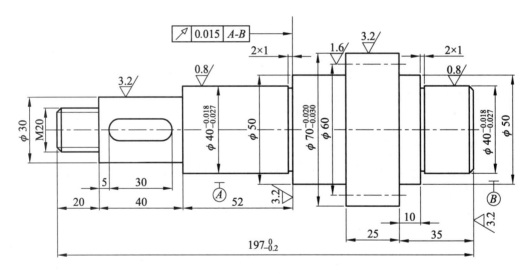

图 12.27　零件轴

操作提示：

（1）建立图层，命名为"标注层"，标注线颜色设置为红色，线型为细实线，线宽为默认，并将该图层置于当前图层。

（2）创建文字样式，命名为"标注字体"，使用大字体，工程国标字体。具体设置如图 12.28 所示。

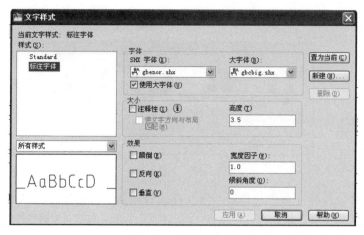

图 12.28　文字样式

（3）执行标注样式命令，创建"机械制图"尺寸标注样式，在"线"选项卡中，设置基线间距为 5.5，超出尺寸线 2，起点偏移量为 0；在"符号与箭头"选项卡中，设置箭头大小为 3.5；在"文字"选项卡中，设置文字样式为"标注字体"，从尺寸线偏移为 1，文字位置为与尺寸线对齐；在"主单位"选项卡中，设置单位格式、精度和小数分隔符分别为"小数""0"和"句点"。

（4）执行线性标注和基线标注命令，对轴的长度型尺寸进行尺寸标注处理。注意：在标注直径时，可以使用尺寸样式的覆盖，打开"标注样式管理器"对话框，再单击"替代"按钮，千万不要单击修改按钮，打开"替代当前样式"对话框，单击"主单位"选项卡，在"线性标注"分组框里选择"前缀"单选框，输入"%%C"。也可以双击要修改的尺寸数字，弹出"特性"对话框，在"文字"菜单中的"文字替代"编辑框中输入"%%C"然后回车关闭对话框，如图 12.29 所示。

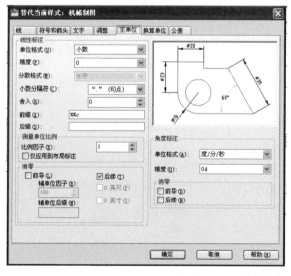

图 12.29　替代当前样式

（5）执行形位公差标注命令，打开"形位公差"对话框，在该对话框中输入公差值，然后利用引线命令进行标注，如图 12.30 所示。

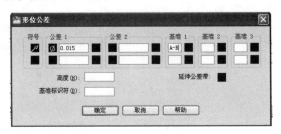

图 12.30　形位公差

（6）执行尺寸公差标注命令，打开"标注样式管理器"对话框，再单击"替代"按钮，打开"替代当前样式"对话框，单击"公差→选项卡"，在"方式""精度""垂直位置"下拉列表中分别选择"极限偏差""0.000"和"中"，在"上偏差""下偏差"和"高度比例"文本框中分别输入"－0.018""－0.027"和"0.75"，如图 12.31 所示。

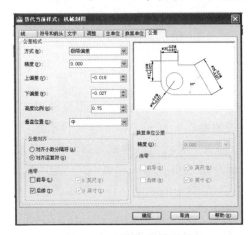

图 12.31　替代当前样式

（7）对于表面粗糙度的标注，可采用插入块的方式进行标注。首先，绘制表面粗糙度符号，并将其保存为块；然后，插入块，调整其缩放比例和旋转位置进行标注。

12.5　AutoCAD 在机械绘图中的应用

学习目标：

（1）了解 AutoCAD 在工程机械绘图中的应用；

（2）熟悉并掌握将 AutoCAD 基本绘图命令应用在机械绘图中；

（3）熟悉并掌握将 AutoCAD 编辑命令应用在机械绘图中；

（4）能够绘制简单的机械图；

（5）能够设计简单的机械零件；

（6）了解 AutoCAD 机械绘图的过程。

1. 上机练习 1

根据已知立体的两个视图（见图 12.32），按 1∶1 的比例画出立体的三视图，并在主、左视图上选取适当剖视。

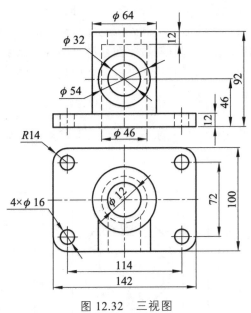

图 12.32　三视图

2. 上机练习 2 ——绘制电话

绘制图 12.33 所示电话。

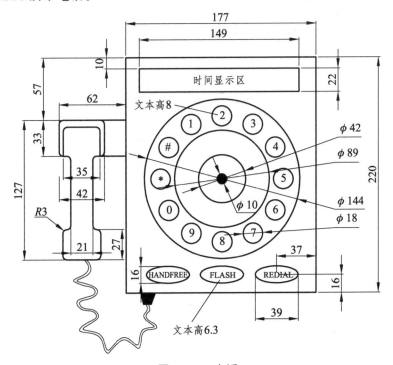

图 12.33　电话

绘图提示：

（1）环境设置设置。

（2）图层设置。

（3）辅助功能设置，"断点""中点""圆心"对象捕捉模式。

（4）绘制电话基座，采用直线命令绘制外围轮廓，采用圆命令绘制拨号键及其内外圆，单行文字书写按键号，利用环形阵列复制数字拨号键，圆环绘制中心实心圆。

（5）利用修剪、偏移命令绘制时间显示外框，修剪超出的图线。

（6）用椭圆命令绘制椭圆形按键。

（7）绘制听筒。

（8）绘制电缆线，二维实体绘制电缆接头，样条曲线绘制电缆线。

绘制步骤见图 12.34。

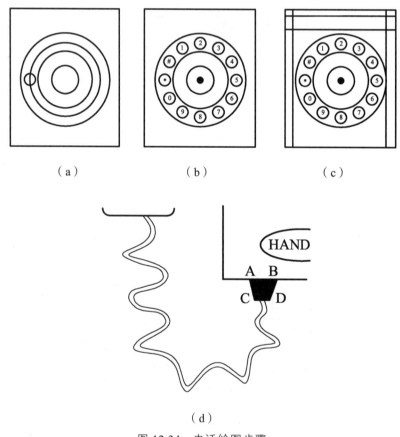

（a）　　　　　　　（b）　　　　　　　（c）

（d）

图 12.34　电话绘图步骤

3. 上机练习 3——绘制零件图

绘制图 12.35 所示齿轮零件图。

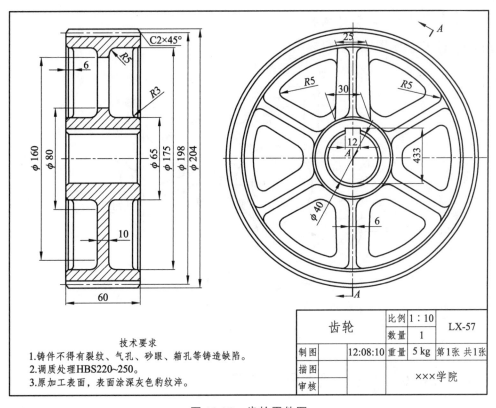

技术要求
1.铸件不得有裂纹、气孔、砂眼、箱孔等铸造缺陷。
2.调质处理HBS220~250。
3.原加工表面，表面涂深灰色豹纹漆。

齿轮	比例	1：10	LX-57
	数量	1	
制图	12:08:10	重量	5 kg	第1张 共1张
描图		×××学院	
审核			

图 12.35　齿轮零件图

4. 上机练习 4 ——绘制零件轴测图

绘制图 12.36 所示零件轴测图，根据轴测图绘制其三视图，并进行尺寸标注。

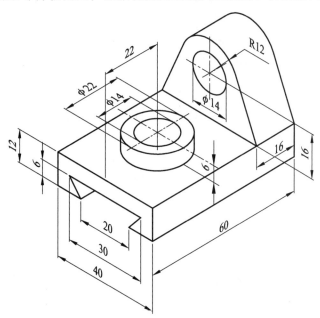

图 12.36　零件轴测图

5. 上机练习 5 ——绘制机械零件

绘制图 12.37 所示图形并进行标注。

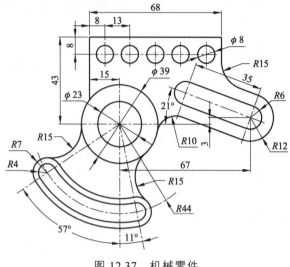

图 12.37 机械零件

12.6 AutoCAD 在建筑绘图中的应用

学习目标：

（1）了解 AutoCAD 在建筑绘图中的应用；

（2）熟悉并掌握将 AutoCAD 基本绘图命令运用在建筑绘图中；

（3）熟悉并掌握将 AutoCAD 编辑命令运用在建筑绘图中；

（4）了解建筑绘图中的绘图规范；

（5）了解 AutoCAD 建筑绘图的过程。

1. 上机练习 1 ——绘制小住宅立面图

下面绘制如图 12.38 所示的小住宅立面图。目的是使读者掌握 LINE 命令的用法，学会如何输入点的坐标及怎样利用对象捕捉、极轴追踪和自动追踪等工具快速画线。

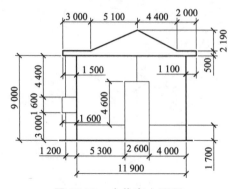

图 12.38 小住宅立面图

绘图步骤：

（1）设置绘图区域的大小为 20 000 × 20 000。

（2）打开极轴追踪、对象捕捉及自动追踪功能。指定极轴追踪角度增量为 90°，设置对象捕捉方式为"端点""交点"，设置仅沿正交方向自动追踪。

（3）使用 LINE 命令，通过输入线段长度绘制线段 AB，CD 等，如图 12.39 所示。

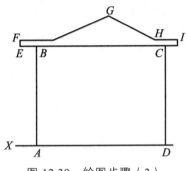

图 12.39　绘图步骤（3）

（4）绘制线段 KL，LM 等，如图 12.40 所示。

（5）用类似的方法绘制出其余线段，如图 12.41 所示。

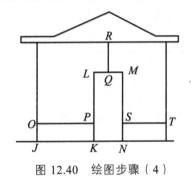

图 12.40　绘图步骤（4）

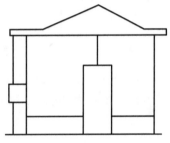

图 12.41　绘图步骤（5）

2. 上机练习 2——绘制建筑立面图

使用 LINE、OFFSET 及 TRIM 命令绘制如图 12.42 所示的建筑立面图。

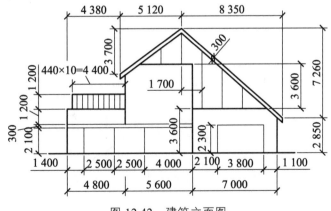

图 12.42　建筑立面图

绘图步骤:

(1)设置绘图区域的大小为 30 000×20 000。

(2)激活极轴追踪、对象捕捉及自动追踪功能。设置极轴追踪角度增量为 90°,设置对象捕捉方式为"端点""交点",设置仅沿正交方向自动追踪。

(3)使用 LINE 命令绘制水平及竖直的作图基准线 A,B,如图 12.43 所示。线段 A 的长度约为 20 000,线段 B 的长度约为 10 000。

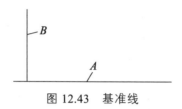

图 12.43　基准线

(4)以线段 A,B 为基准线,用 OFFSET 命令绘制平行线 C,D,E 和 F 等,如图 12.44 所示。

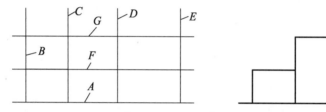

图 12.44　绘图步骤（4）

(5)使用 XLINE 命令绘制作图基准线 H,I,J 和 K,如图 12.45 所示。

(6)以直线 I,J 和 K 为基准线,用 OFFSET 和 TRIM 等命令绘制图形细节 O,如图 12.46 所示。

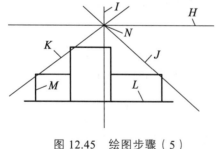

图 12.45　绘图步骤（5）

图 12.46　绘图步骤（6）

(7)以线段 A,B 为基准线,用 OFFSET 和 TRIM 命令绘制图形细节 P,如图 12.47 所示。

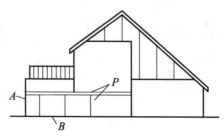

图 12.47　绘图步骤（7）

（8）使用同样的方法绘制图形的其余细节。

3. 上机练习 3——绘制墙面展开图

使用 LINE、OFFSET 及 ARRAY 等命令绘制如图 12.48 所示的墙体展开图。

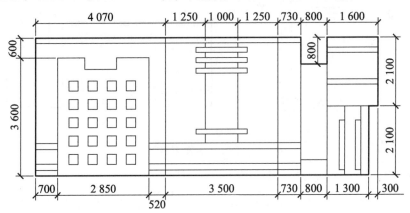

图 12.48　墙面展开图

（1）创建表 12.1 所示图层。

表 12.1　图层属性

名　称	颜　色	线　型	线　宽
墙面轮廓	白色	Continuous	0.7
墙面装饰	青色	Continuous	默认

（2）设定绘图区域的大小为 20 000×10 000，绘制墙面轮廓线。

（3）激活极轴追踪、对象捕捉及自动追踪功能。指定极轴追踪角度增量为 90°，设置对象捕捉方式为"端点""交点"，设置仅沿正交方向自动追踪。

（4）切换到"墙面-轮廓"层，用 LINE 命令绘制墙面轮廓线，如图 12.49 所示。

图 12.49　绘制轮廓

（5）用 LINE 命令绘制正方形 B，然后用 ARRAY 命令创建矩形阵列，相关尺寸如图 12.50（a）所示，结果如图 12.50（b）所示。

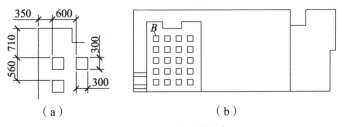

（a）　　　　　　　　（b）

图 12.50　矩形阵列

（6）用 OFFSET、TRIM 及 COPY 命令生成图形 C，相关尺寸如图 12.51（a）所示，结果如图 12.51（b）所示。

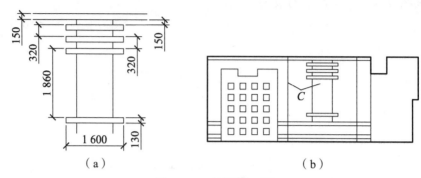

（a）　　　　　　　　　　　（b）

图 12.51　墙面展开图

4. 上机练习 4——绘制墙面展开图

创建图层，设置粗实线宽度为 0.6，中心线宽度为默认值。设置绘图区域大小为 1 000 × 1 000，线型全局比例因子为 35。利用 LINE、CIRCLE 及 OFFSET 等命令绘制图 12.52 所示墙面展开图。

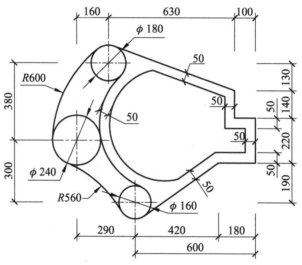

图 12.52　墙面展开图

主要作图步骤如图 12.53 所示。

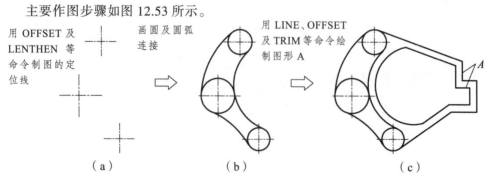

用 OFFSET 及 LENTHEN 等命令制图的定位线

画圆及圆弧连接

用 LINE、OFFSET 及 TRIM 等命令绘制图形 A

（a）　　　　　　　　　（b）　　　　　　　　　（c）

图 12.53　主要绘图步骤

5. 上机练习 5——绘制并标注图 12.54 所示的建筑平面图

图 12.54　建筑平面图

操作提示：

（1）绘制首先创建图层，设置粗实线宽度为 0.7，细实线宽度为默认值。设置绘图区域大小为 15 000×15 000。用 LINE、PLINE 及 OFFSET 等命令绘图。

（2）执行标注样式命令，将"Standard"尺寸标注样式进行修改，将标注的第一个和第二个箭头更改为"建筑标记"，并在该样式下创建"半径"子样式，将文字对齐方式设置为 ISO 标准，第二个箭头方式更改为"实心闭合"。

（3）执行线性标注和基线标注命令，对建筑平面图的长度型尺寸进行尺寸标注处理。

（4）执行半径标注命令，对建筑平面图中圆及圆弧类图形进行尺寸标注。

（5）执行角度标注命令，对建筑平面图中倾斜线与水平线之间的角度进行角度尺寸标注。

（6）执行标注间距、等距标注命令，对建筑平面图中尺寸标注间距等进行编辑。

主要作图步骤如图 12.55 所示。

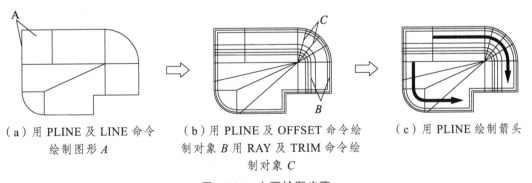

（a）用 PLINE 及 LINE 命令　　（b）用 PLINE 及 OFFSET 命令绘　　（c）用 PLINE 绘制箭头
　　绘制图形 A　　　　　　　制对象 B 用 RAY 及 TRIM 命令绘
　　　　　　　　　　　　　　　　制对象 C

图 12.55　主要绘图步骤

6. 上机练习 6——绘制建筑平面图形

绘制图 12.56 并进行标注。

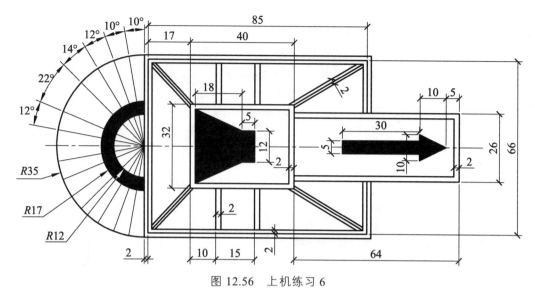

图 12.56　上机练习 6

绘图过程如图 12.57 所示。

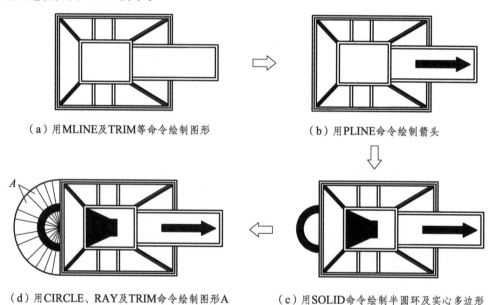

（a）用 MLINE 及 TRIM 等命令绘制图形

（b）用 PLINE 命令绘制箭头

（d）用 CIRCLE、RAY 及 TRIM 命令绘制图形 A

（c）用 SOLID 命令绘制半圆环及实心多边形

图 12.57　主要绘图步骤

12.7　AutoCAD 在矿山绘图中的应用

学习目标：

（1）了解 AutoCAD 在矿山绘图中的应用；

（2）熟悉并掌握将 AutoCAD 的基本绘图命令运用在矿山绘图中；

（3）熟悉并掌握将 AutoCAD 的编辑绘图命令运用在矿山绘图中；

（4）熟悉矿山绘图规范。

绘制图 12.58 所示的矿山巷道布置示意图。

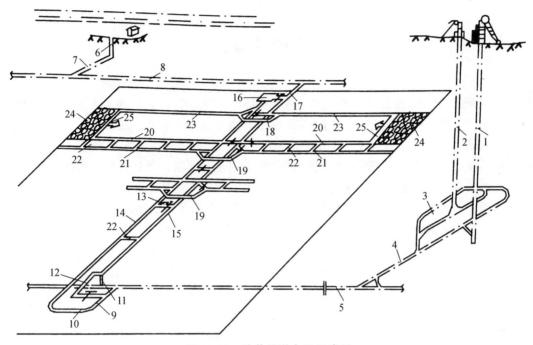

图 12.58　矿井巷道布置示意图

1—主井；2—副井；3—井底车场；4—主要运输石门；5—运输大巷；6—风井；7—回风石门；

8—回风大巷；9—采区运输石门；10—采区下部车场；11—采区煤仓；12—行人进风巷；

13—采区变电所；14—采区轨道上山；15—采区运输上山；16—绞车房；

17—采区回风石门；18—采区上部车场；19—采区中部车场；

20—区段运输平巷；21—下区段回风平巷；22—联络巷；

23—区段回风平巷；24—开切眼；25—采煤工作面

参考文献

[1] 何铭新,李怀键. 画法几何及土木工程制图[M]. 3 版. 武汉:武汉理工大学出版社,2009.

[2] 刘小年，郭克希. 工程制图[M]. 2 版. 北京：高等教育出版社，2010.

[3] 何铭新，钱可强，徐祖茂. 机械制图[M]. 北京：高等教育出版社，2016.

[4] 贾洪斌，雷光明，王德芳. 土木工程制图[M]. 3 版. 北京：高等教育出版社，2015.

[5] 王强，张小平. 建筑工程制图与识图[M]. 2 版. 北京：机械工业出版社，2011.

[6] 汪勇，张玲玲. 机械制图[M]. 成都：西南交通大学出版社，2013.

[7] 蒋晓. AutoCAD 2014 中文版机械设计标准实例教程[M]. 北京：清华大学出版社，2016.

[8] 陈玉莲. AutoCAD 实用教程[M]. 北京：中国矿业大学出版社，2010.

[9] 齐颖，李茂芬. AutoCAD 建筑制图[M]. 北京：印刷工业出版社，2013.

[10] 徐江华，王莹莹，俞大丽. AutoCAD2014 中文版基础教程[M]. 北京：中国青年出版社，2014.

[11] 吴启凤. AutoCAD 2006 教程[M]. 成都：西南交通大学出版社，2007.

[12] 全国技术产品文件标准化技术委员会，中国标准出版社. 技术产品文件标准汇编：技术制图类卷[G]. 北京：中国标准出版社，2009.

[13] 全国技术产品文件标准化技术委员会，中国标准出版社. 技术产品文件标准汇编：机械制图类卷[G]. 北京：中国标准出版社，2009.